U0382031

陆奇斌 ◎ 著

灾害治理实证研究

——受灾群众、社会工作者、社区和社会视角

中国社会科学出版社

图书在版编目(CIP)数据

灾害治理实证研究：受灾群众、社会工作者、社区和社会视角／
陆奇斌著 . —北京：中国社会科学出版社，2017.8
ISBN 978 - 7 - 5161 - 9987 - 9

Ⅰ.①灾… Ⅱ.①陆… Ⅲ.①灾害管理—研究—中国
Ⅳ.①X4

中国版本图书馆 CIP 数据核字 (2017) 第 042427 号

出 版 人	赵剑英
责任编辑	范晨星
责任校对	夏慧萍
责任印制	王　超

出　　版	中国社会科学出版社
社　　址	北京鼓楼西大街甲 158 号
邮　　编	100720
网　　址	http://www.csspw.cn
发 行 部	010 - 84083685
门 市 部	010 - 84029450
经　　销	新华书店及其他书店

印　　刷	北京明恒达印务有限公司
装　　订	廊坊市广阳区广增装订厂
版　　次	2017 年 8 月第 1 版
印　　次	2017 年 8 月第 1 次印刷

开　　本	710×1000　1/16
印　　张	12
插　　页	2
字　　数	185 千字
定　　价	49.00 元

前　言

　　2008 年 5 月 12 日在四川省汶川县发生的特大地震，是新中国成立以来破坏性最强、波及范围最广、救灾难度最大的一次地震灾害。震级达里氏 8 级，最大烈度达 11 度。

　　地震发生后，胡锦涛总书记立即做出重要指示，多次主持召开中央政治局常委会议和政治局会议，全面部署抗震救灾工作。温家宝总理在地震发生后立即赶到灾区一线，指挥抗震救灾。国务院迅速成立抗震救灾总指挥部和四川前方指挥部，全面负责组织指挥抗震救灾工作。四川等地震灾区各级党委、政府紧急启动应急预案，组织广大干部群众奋起抗灾。

　　汶川大地震后，我们目睹了中央和地方政府在救援和重建工作中取得的惊人成绩，基础设施的重建速度日新月异。地震中被损坏的 48276 公里水管、53295 公里道路，仅一个月后，就已经分别修复了 44128 公里和 52301 公里。两年后，截至 2010 年 5 月，在党中央、对口援建省市、社会各界的广泛支持下，经过四川省政府、广大受灾群众近两年的努力，三年重建任务已经用两年时间基本完成。例如，四川省的交通基础设施恢复重建项目完成三年目标的 80%，建成项目 388 个。其中，高速公路建设项目完成投资 82.3%，国省干线及重要经济干线项目完成 59.5%，农村公路完成 86.6%，客运点完成项目达 88.3%。

　　基础设施可以在两年内就修复一新，各行各业的发展也可以实现跨越式发展，但是，地震对于人们的伤害和影响却需要用很多年去修复。经济损失可以估计，然而社会损失却难以估计。如何在实现基础设施等硬件条件不断升级的同时，也实现灾后社会的恢复重建和跨越式发展，是汶川地震灾后重建的巨大挑战。因此有必要就汶川地震灾后应对和社会恢复重建中的有关关键问题进行研究。

汉川地震应对政策专家行动组（Wenchuan Earthquake Taskforce，WET）就是在这样一个背景下诞生的。汉川地震发生后，由于受灾面广、受灾群众多样化程度高、人员财产损失巨大，抗震救灾工作面临复杂的局面，面临着多种紧迫的问题和挑战。为配合相关部门更好地做好抗震救灾工作，为灾区提供与多学科专家群互动的政策研究支持，北京师范大学社会发展与公共政策学院作为一个公共政策学院和应急管理研究机构，学院牵头通过北师大和国家减灾委专家委、教育部—民政部减灾与应急管理研究院等机构于2008年5月16日共同发起，联合四川大学等组织防灾减灾、应急管理、心理学、教育学、公共政策等相关方面的专家，成立汉川地震应对政策专家行动组。WET将自己定位为一个针对汉川地震政策应对的由专家学者组成的民间智库。旨在通过协同国际和国内的各种资源，搭建平台和桥梁，致力于通过行动研究，为政府提供抗震救灾和灾后重建的政策建议，并为中国乃至全球巨灾应对贡献中国经验。在汉川地震应对期间，完成了四川德阳基地建设、国际经验总结，并在大量入户调研的基础上，开展了应急救援与灾后恢复重建政策研究、心理研究系列等。WET采取参与式观察和联结式研究的方法，安排相关专家进驻地震灾区，建立现场实践平台、北京研究平台、国际交流平台和信息网络平台，充分利用国内外多学科专家智力资源和相关实践经验，从救援与应急处置、灾民安置与重建、心理创伤干预等方面搜集相关资料，开展试点研究，提供政策建议，供有关部门决策参考，为抗震救灾做出应有的知识贡献。

根据WET成立之初，灾区迫切需要解决的问题，WET确定了自身的三个行动主旨，主要体现在以下三个方面：第一，协调整合社会、经济、心理、教育及发展研究等多领域的研究者及相关机构的行动组织；第二，促进和协调汉川地震后抗震救灾、恢复重建以及跨越发展等方面工作的服务机构；第三，支持汉川震后研究、培训、政策建议、国际合作以及区域发展等多方面的智库。

围绕上述三个主旨及WET的人员构成，WET将工作重点集中在以下三个方面：（1）救援与应急处置。针对抗震救灾进展，结合现场中可能出现的各种应急处置问题，借鉴国内外好的做法和经验，提出供相关部门借鉴参考的政策建议。内容涉及抗震救灾的指挥协调、志愿者组织管理、资源需求分析与动态管理、信息发布与舆论引导、关键性基础设施恢复与保障、遗体掩埋处理、捐赠资源管理、国际交流与合作、灾情对经济的影响分析与宏观调控准备，等等。行动组采取参与式观察的方法，安排专人赴灾区观察现场抗震救灾工作，并安排专人在北京动态跟踪，收集和分析相关的信息资料，提出政策建议。（2）灾民安置与重建。随着抗震救灾工作进展，灾区人民安置工作越来越繁重。灾民安置与灾区恢复重建是抗震减灾工作的重要内容。WET 将重点研究灾民的统计管理、救灾物资发放、灾民异地安置、灾区恢复与重建等内容。例如，动员、组织、补助、救助部分有灾区外亲属的灾民暂时疏散到外地；在四川未受灾地区和周边省市组织安排疏散点、安置点以及救助点等，将灾区的部分弱势人群（如孤儿、孤老、残疾人等）进行外地疏散安置。WET 还将依托在教育和社会发展方面的学科优势，重点开展灾区孤儿领养和寄养等工作。（3）心理创伤干预。心理危机干预与康复是抗震减灾工作的重要内容，受灾群众（尤其是儿童等特殊群体）以及救灾前线人员亟须得到心理治疗和援助。WET 安排专业的心理干预专家赴灾区现场，和四川本地高校及科研机构联合设立相关教育培训基地，培训相关的心理创伤干预专业人士，并在北京设立心理援助热线，对儿童、救灾前线人员等群体开展心理创伤干预工作。

本书所讨论的内容，只是 WET 在汶川地震应对中，开展一系列工作中的一小部分内容的记录。2008 年 5 月 19 日，汶川地震发生后一周时间内，WET 第一时间奔赴灾区前线开展心理创伤干预、受灾群众安置与重建等研究工作，本书的第一章，讨论的就是这期间 WET 在德阳板房区开展的受灾群众灾后需求快速研究。2008 年 11 月，WET 开展了剑南镇板房区社会重建试点工作，WET 与德阳市政府合作，在香港大学、香港择善基金会、世界宣明会、香港复康会等基金会的鼎力支持下，在剑南镇板房区建立社区服务中心和汉旺社区发展中心，为灾区居民提供直接服务，切实改善民生，维护灾区社会稳定，提高社区管理能力，实现灾后跨越式科学发展。同时，这两个中心是 WET 直接深入灾区，进行灾后重建研究和实地调研的基地，也是名社工培训、实习和实践基地。这两个中心对绵竹板房区居住的 5 万多居民提供全方位社区服务和专业社会发展和救助资源的链接，在协助当地社会从非常态社会向常态社会顺利过渡的过程中，也着重观察了灾后社会变迁、制度创新、多元社会主体抗逆力等方面的变化。本书的第二章和第三章，分别基于这两个中心的工作，对灾后群众需求进行了深度分析，讨论了灾害社工的工作模式。本书的第四章，则是对 WET 承担的社区灾后恢复重建监测研究工作的一次回顾与讨论。

本书的研究是对巨灾管理领域的有益补充。首先，在理论研究上，是巨灾应对理论的有机组成部分。一是巨灾管理相关基础理论的充实。虽然本书撰写目的并不是对巨灾管理理论进行重新研究，但从以人为本的角度，充实了巨灾应对理论。因为，报告中涉及的受灾群众需求分析、灾害社工、灾后重建监测都是从"人"的角度来进行研究。这些研究在巨灾管理领域还不很充分，所以本书可以成为巨灾管理理论的有益补充，为将来巨灾管理理论的进一步发展提供理论支持。二是充实巨灾管理应用理论充实。巨灾管理是一种实用性很强的理论，与现实的灾害应对有着密不可分的关系，因为本书还将从应用的角度，探索可操作性的应用理论。

其次，在实际运用上，本书的研究是对人类应对自然灾害经验的有效完善。一是以人为本，为巨灾应对提供借鉴经验。在本书中，无论是巨灾管理需求分析还是社区资本研究，都是从巨灾管理的帮扶对象，也就是受灾群众这个角度来开展研究的。从根本上来讲，就是以人为本来探索汶川地震从紧急救援到灾后恢复重建等不同阶段的相关研究问题，这符合我国公共管理部门从原有行政职能式政府向服务型政府转型的要求。因此，本书的相关研究为我国社会政策的制定提供了一个新的视角。二是着眼未来，为灾后社会恢复重建提供建议。国际经验证明，每次巨灾发生后，基础设施复原甚至实现跨越式发展比较容易实现，因为这些是可以通过人财物支持就可以实现的，而社会的复原和重建则需要几十年甚至几代人的时间，而且由于社会重建的指标不像基础设施可以用直观或物理性的指标测度，因此很难把握。而本书的相关研究内容，在一定程度上可以为灾后社会重建提供些许的指导作用。

作为参与汶川地震抗震救灾和灾后恢复重建工作的有机组成部分，本书还将达到另外几个目的。其一，梳理出汶川地震应对若干经验，作为巨灾应对的中国经验向全球输出。本研究形成的有关成果内容直接与汉川地震应对有关，可以作为各类巨灾应对经验的有益补充。其二，作为相关研究的探索，为将来各类研究的深入奠定基础。其三，作为参与汉川抗震救灾工作和灾后恢复重建工作的部分记录和总结。汉川地震发生后，笔者作为 WET 团队成员之一，在四川开展了灾区灾后重建受灾群众需求、基层政府满意度、灾后重建监测和减轻灾害风险教育等方面的需求评估和政策研究。本书作为这些工作的记录之一，将开展的研究工作进行阶段性的总结。希望能为四川地区探索灾后重建的科学模式，推进灾后社会发展探索新的发展模式。

本书由笔者参与 WET 汉川地震应对相关的四个典型研究组成，即本书的第一章、第二章、第三章和第四章，这四章围绕汉川地震应对的不同阶段，从受灾群众、社工、社区和社会四个视角，讨论了受灾群众灾后需求快速评估，灾后重建社区需求深度分析、社区灾害社工服务模式和灾后恢复重建监测四个研究主题。

第一章从受灾群众视角讨论如何开展受灾群众灾后安置快速需求评估。2008 年 7 月 4 日至 7 月 15 日，即汉川地震发生两个月之后，大量受灾群众还住在板房和临时帐篷中。我们选择了四川省极重灾区之一的绵阳地区，就这些受灾群众的安置情况开展了入户调查。旨在快速了解巨灾应对中受灾群众关注的重点，从而有针对性地实施救助，同时也为探索特大自然灾害发生后，灾后重建路径应选择的切入点探索普适规律。

第二章从社区视角探讨了灾后恢复重建的路径分析。选取德阳市汉旺镇的五个村和三个社区作为研究对象，采用参与式评估的方法，借鉴可持续生计模式，通过分析汉旺镇灾后的社区资本情况，从经济资本、社会资本、自然资本、物资资本和人力资本这六大类社区资本，系统分析了未来社区恢复重建可以考虑的实践路径。

第三章从社工视角剖析了灾后社区服务的模式。采用案例研究的方法，选取扎根在德阳市剑南镇的剑南社区服务中心作为研究对象，回溯了该中心从进入社区直到退出的六个完整工作阶段。剑南社区服务中心的案例研究，不但回应了灾后社区服务的可能模式，也为我国灾害社工的发展提供了一定的思考。

第四章从社会视角反思了灾后恢复重建监测体系。灾后重建评估有助于揭示隐含的社会风险，提前规避社会矛盾激化，从社会的角度，提高灾后重建的科学性和前瞻性。2009年8月，北京师范大学接受联合国计划开发署中国办公室委托，就国务院扶贫办、商务部和联合国计划开发署中国办公室联合推进的"中国汶川地震灾后恢复重建和灾害风险管理计划"项目进行了评估，以社会学中的抗逆力理论为支撑，构建了包含物理指标、社会指标、经济指标和机构指标在内的灾后恢复重建指标体系，展开了项目评估。该评估研究，对建立灾后恢复重建科学指标体系做了有意义的探索、尝试和观测，弥补了灾后恢复重建工程技术类型评估的不足，为灾后社区乃至社会的重建提供了全面的视角，也让我们更加认识到建立完善的恢复重建科学指标体系的重要性。

囿于笔者的能力，书中疏漏及错误在所难免，恳请读者朋友们批评指正！

目　录

第一章 受灾群众视角：灾后 快速需求评估

一 研究背景

2008 年 5 月 12 日在四川省汶川县发生的特大地震，是新中国成立以来破坏性最强、波及范围最广、救灾难度最大的一次地震灾害。

为保障上千万受灾群众的吃、穿、住、用，国务院决定在灾后 3 个月内，向灾区困难群众每人每天发放 1 斤口粮和 10 元补助金，为孤儿、孤老和孤残人员每人每月提供 600 元基本生活费（增加延长 3 个月），对因灾死亡人员的家庭按照每位遇难者 5000 元的标准发放抚慰金。

同时，党中央和国务院确定三个月（到 2008 年 8 月 20 日）基本完成对灾区群众的过渡性安置工作，利用过渡板房、各类自建过渡房、原地（异地）租住房屋以及投亲靠友等方式保障超过 700 万房屋倒塌或者完全损坏的灾区群众在过渡安置区 2—3 年的基本居住和生存问题。

但是，我们也看到，受灾人数众多，情况复杂，使得对受灾群众的安置工作异常的困难，灾后重建工作也存在很多挑战。如何从受灾群众角度来确定过渡安置和灾后重建工作的目标和轻重缓急，成为决定抗震救灾工作顺利进行的核心。本章最主要的目的是，以汶川地震为实证研究基础，探讨如何从受灾群众视角，也就是受灾群众灾后需求的角度，来思考巨灾应对。

二 公众视角的公共管理

"公众认知"无疑是近年来中国公共服务领域比较热门的词汇，党的十八大报告强调，要加快形成党委领导、政府负责、社会协同、公众参与、法治保障的社会管理体制，站在公众的视角审视公共管理是公众参与的基础，其发展在国外也经历了一定的过程。

（一）"公众认知"融入公共管理的历史进程

"公众认知"是公众参与的基础，其本身是民主政治的一种重要手段，在西方国家中普遍将公众参与作为代议民主制的补充形式，并成为减轻公权滥用的危害，提高政府决策科学性，改善政府部门与公众关系的有效途径。下面，我们以公众参与为核心回顾公众认知在公共管理中的融入进程。

"公众参与"的概念首先在 20 世纪 60 年代由美国学者阿诺德·考夫曼以"参与式民主"（Participatory Democracy）一词提出（蔡定剑，2009），1970 年卡罗尔·佩特曼发表的《参与和民主理论》和 1980 年约瑟芬·贝斯特发表的《协商民主：共和政府遵循公共理性》推动了公众参与公共事务的理论解读。

但公众参与的实践则要更早一些。20 世纪 30 年代，美国联邦政府的规模膨胀得十分迅速，政府行为对民众的影响越来越多，导致原有政府决策转向政府和专家协商决策，到 20 世纪 60 年代，美国民权运动进一步激发了公众参与意识的提高，特别是马丁·路德事件发生后，全美各地的暴动促使美国联邦政府反思原有的行政管理体系的合理性。伴随着美国民众环境保护意识的觉醒，民权运动催化了以环保主义者为意见领袖的公众表达动力机制的出现。水门事件中公众对政府决策的质疑更进一步促进美国政府加强政府决策过程中公众交流机制的酝酿，并最终通过美国国会通过的系列法案强化了政府决策的公开性和公众参与。1946 年，美国政府颁布的《行政程序法》规定了在行政过程中公众参与的最低要求，包括发布公众参与公告、听证程序中的公众表达意见的机会、听证中案卷材料作档案保留等制度（王周户，2011）。

正是以上公众参与的历史发展，为公众参与公共服务的评价奠定了必要的制度保障和法律基础。

（二）新公共管理运动对公共参与的影响

第二次世界大战后，各国政府为了复苏经济加强了政府对市场和社会的干预，并倾向于福利国家政策，在社会保障等公共福利的投入力度增大，这就导致政府的权力增强、管理范围扩大，而相应的管理能力和效率却达不到相应的要求，出现了严重的财政赤字、福利制度陷入进退维谷的尴尬境地。随着全球经济一体化趋势和社会民主化诉求所带来的挑战，迫使公权机构必须在制度设计和公众反馈方面做出必要的变革，于是各国政府纷纷开展政府重塑，希望借此改变原有"官僚"形象，这也是"新公共管理"（New Public Management）运动。所谓新公共管理运动，简而言之，就是各国政府为了改变政府在财政、管理效率和公众信任等方面的危机，向私营部门学习，在公共部门引入市场竞争机制，采用私营部门绩效评价的方法和技术，以推动公共服务部门提升服务能力和效率的一场运动，也被称为"政府重塑"（Reinventing Government）运动。

绩效评价作为新公共管理运动的重要内容，受到了各国政府以及学术界的高度重视，各国政府甚至一度被称为"评价型政府"。政府绩效评价已逐渐成为各国政府、公共管理学界和公众普遍关注的一个热点问题（Ammons，2001；Pointer and Streib，1999），甚至将政府绩效评价称为当代公共管理中的三大问题之一（Behn，1995），由此可见政府绩效评价的战略价值。

1993 年，美国总统克林顿签署了"政府绩效法案"，将绩效评价和管理进一步引入美国各级政府中。这一举措也得到了加拿大、澳大利亚、新西兰和西欧一些国家的纷纷效仿。在这些西方国家中，绩效评价广泛用于绩效监控、项目评估、预算和质量管理、战略管理和计划、政府标杆管理等。

（三）公众参与公共服务评价的发展

新公共运动推动下的政府重塑运动，促进了各国政府纷纷转型为"服务型政府"，并体现在政府绩效评价思维的转变，主要特征是由政府内部的评价转向结合公权机构服务对象，即公众对政府的评价。

公众参与政府评价的很多思想和方法来自私营部门组织绩效评价产生的深刻变化，在新公共服务之前，各国的企业等私营部门都已经将消费者作为评价企业绩效的重要评价主体，消费者被作为一面"镜子"，通过他们的评价直观地反映企业各个部门的工作绩效。并且，在思想上，通过消费者来评价企业的绩效也符合企业发展的战略，也就是说，企业是否能在激烈的竞争中保证健康持续地发展，关键在于其生产的产品或提供的服务得到消费者的认可，消费者把手中的"选票"（口袋里的货币）投给哪个企业或品牌，得到"选票"多的企业毫无疑问必然要比其他企业具备更强的市场竞争能力。为了更加准确地发现消费者评价，由此出现了 SERVQUAL 测量（Babakus and Boller, 1992；Cronin Jr and Taylor, 1994；Parasuraman, Zeithaml, and Berry, 1988）、顾客满意度评价（Fornell, 1992；Fornell, Johnson, Anderson, Cha, and Bryant, 1996）、平衡计分卡（Kaplan and Norton, 1995, 1996）等系列方法。这些方法也被公共服务部门陆续引用到其自身的评价中。

从服务的性质上来说，公权部门与公众之间的关系，并不是简单的治理者与被治理者之间的关系，更多地体现为公共服务递送者与服务的使用者之间的关系，因此很多学者在政府评价方式上更加认可新公共管理理论学派所倡导的引入公众评价的观点，他们认为，公共服务部门应该以公众为导向，将公众当作企业服务的消费者一样，努力提高对公众服务的效率和能力，从而为公众创造价值。

特别是新公共行政学对政府效率的反思，推动了"社会公平""公众参与"等进入公权部门的绩效考量中。1993 年美国颁布的《设立顾客服务标准》中，就明确要求联邦政府部门将市民视为顾客，并将市民的需求作为政府提高服务的标杆。作为政府服务的利益相关者，公众可以通过对政府绩效进行评价，获悉政府的施政信息，并可以借此向政府表达态度、观点和期望，甚至可以参与政府行政管理活动的监督和审查；而公众参与的绩效评价又可以反过来帮助政府监控行政管理过程，优化公共资源分配。例如，美国会计总署早期建立的公共管理"3E"绩效评价法，即经济性（Economy）、效率（Efficiency）和效益（Effectiveness）（Hughes, 2003），也在新公共运动的浪潮下加入了新公共行政学派倡导的社会公平价值元素，在原有偏向经济性等硬指标的基础上，将公平（Equality）加入政府绩效评价指标体系，也就是福林于 1997 年所概括的"4E"评价法。

公共参与作为公共部门绩效评价的核心内容，在公众能够参与公共部门评价、公众参与的理论基础、公民角色、公众参与评价原则和影响评价效果的因素等方面开展了大量的探索研究。

1. 公民参与阶梯理论

谢尔·阿斯汀根据公众参与的自主性和政府对公众参与赋权的程度，将公众参与发展可能出现的不同阶段分为了三个阶段、八个层次（Sherry，1969；邓国胜、肖明超，2006），如图1—1所示。第一阶段为无参与形式，主要表现为政府一元治理模式，政府一权独大，几乎不存在公共参与的形式，社会主体之间的沟通为单向，公众被动接受政府的行为和宣教。第二阶段为象征性参与形式，也就是公众具有一定参政议政的主动性，通过政府主动发布的信息、政策咨询等形式部分掌握政府工作相关信息，但是整体上公众参与的实际效果并没有实质上的改观，但是已经具备公众参与的表现形式和组织形态。第三阶段为完全型公众参与形式，该阶段公众依法取得公民参与的法定权利，依照法定程序开展公共政策的制定和实施，并在合适的条件下，公共权利向公众倾斜，公众对公共事务进行自组织化的共同管理，也就是完全参与形式的自主控制。

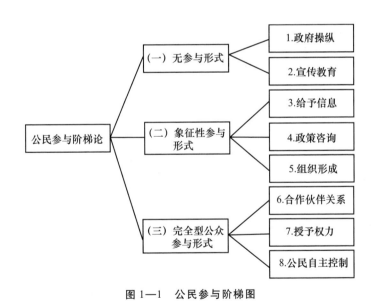

图1—1　公民参与阶梯图

2. 公众参与在政府绩效评估中的角色理论

美国学者米德教授是社会角色理论的创立者，这里的"角色"与舞台上演员表演的角色类似，他认为社会是由许多不同身份和地位的人组成的一个相互关联的大系统，当一个人在社会中活动时，他必然以承载某种权利责任的身份出现，也就是扮演着某种"社会角色"。因此，我们可以用"角色"来解释个体的社会行为，即按照特定身份和地位，根据人们对角色的理解和期望来解释其行为，并衍生出角色期待、角色形成、角色扮演、角色规范、角色差距、角色调适和角色整合等理论内容。

其后，美国公民联盟小组将社会角色理论引入公众参与政府绩效评估中，强调公众在政府绩效评估中所承担的六种角色：顾客、所有者或股东、问题的提出者、联合生产者、服务质量评估者和独立的结果跟踪者。基于公众的这六种社会角色，美国公民联盟小组将公众的涵盖面拓宽到个人、集体、非营利组织甚至商业团体，并将他们统括成一个合法的公众整体。

3. 多中心治理理论

多中心治理（Polycentric Governance）理论是有关于公共产品的生产与公共事务治理的学术创见，由 2009 年度诺贝尔经济学奖得主美国学者埃莉诺·奥斯特罗姆（Elinor Ostrom）首次提出，她也是诺贝尔经济学奖设立以来首位女性获得者。（刘峰、孔新峰，2010）

奥斯特罗姆研究发现，社区自治有时比国家强约束或完全市场化的利益驱动更具有效率，尤其是面对具有公共性质的湖泊、森林等资源的使用时，当地的社区比政府和市场更能处理好各个个体内在的人性弱点，从而从整体利益上维护了群体利益的最大化。因此，我们可以看出多中心治理理论作为社会秩序理论①的延伸，其核心思想是，国家和社会的治理除了通常所见的国有化或私有化外，在两者之间还存在多种治理方式，而且不比极端的国有化或私有化缺乏效率。多中心治理作为公共事务治理的一种思想，表现出以下几个明显的特征（如图 1—2 所示）。

首先，公共产品的生产多中心。完全以政府或市场为主体主导的公共产品的生产都会出现缺乏效率或公平的弊端，多个主体参与能够通过引入竞争机制消除垄断和低效率，作为公共服务使用者的公众能够通过选择某个或多个公共产品的生产者来提高公共服务的质量。

---

① 奥斯特罗姆的多中心治理理论来源于英国社会学家博兰尼研究的社会秩序理论。博兰尼在 1951 年提出了"多中心"的概念，证明自发秩序的合理性以及阐明社会管理可能性的限度。

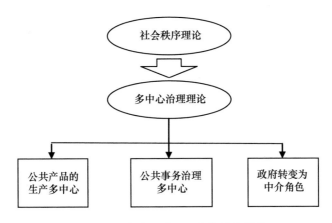

图1—2 多中心治理理论的核心思想

其次，公共事务治理的多中心。原有的公共事务的治理都趋向于一个中心，即要么是政府主导，要么是市场驱动，政府主导在公共产品递送的内容上相对较为丰富，容易产生垄断和滋生"寻租"市场，从而使利益集团的逐利天性催生了社会的不公平。同样，市场驱动的公共事务治理，也容易在市场逐利的规则下，使公共产品的服务内容单一化，弱化公共服务的品质。（张鑫，2008）

最后，多中心治理下的政府角色转变。从上述两个多中心的角度可以看出，政府的职能从传统的直接管理者转变成间接的管理者，政府更像是一个中介，通过制定多中心治理的规则制度为各种治理主体提供良好的业务和引导，而不是大包大揽各种公共管理事务。

依据奥斯特罗姆的多中心治理理论，公众参与公共产品的生产、递送、监管和评价也就成为必然趋势，公众作为多中心治理不可或缺的行为主体，能有效地平抑政府权力失衡和市场失灵所带来社会风险，同时作为政府和市场提供公共服务的最终使用者，通过参与的方式也能更好地理解和协助梳理政府和市场的行为方式，最终实现多中心治理的高度协调和效能最大化。

三 受灾群众需求的参与式快速评估

灾后需求评估（Post—Disaster Needs Assessment，PDNA ）是灾害治

理工作的重要内容，灾后需求评估强调灾害损失与灾后恢复重建的关联性，即灾后需求评估是为灾后恢复重建规划提供依据。在实践中，灾情评估往往在灾害发生一刻起就已经启动了，灾后需求评估在应急响应阶段也相应启动。需求的主体不同，灾后需求评估的内容也就不同。其中，受灾群众作为主要的受灾主体，其灾后需求评估是最为主要的需求评估。

我国灾害需求评估研究始于 2000 年，技术方法领域的试验研究相对较多，但尚未形成完整的理论体系（廖永丰、聂承静、胡俊锋、杨林生，2011）。现实中，虽然我国很早意识到灾情和灾损信息在指导灾害治理工作中的重要性，并通过国家灾情调查系统能够在一定程度上满足政府对灾害损失情况的了解，但是我国的灾后需求评估工作尚处于刚刚起步阶段，目前虽已有一些理论和实践的探索，但这些工作尚不够系统，需要进一步加强（赵延东、张化枫，2013）。灾情评估更多的是依赖于地理遥感、灾害信息系统等工程技术手段，基于对地理、气象等数据的分析，来判断灾害对受灾地区财产和生命的冲击程度（帅向华、聂高众、姜立新、宁宝坤、李永强，2011）。

实际上，灾害之所以有害，是因为受灾的主体是人，因此从受灾群众角度了解灾害的冲击和他们的需求就显得尤为重要，也符合国际灾害治理框架中"以人为本"的人道主义核心理念。受灾群众的灾后需求不但对接了政府、社会力量等主体在灾害应急响应阶段和过渡安置阶段的灾害治理工作，也与灾后长期的恢复重建工作关联。所以受灾群众的需求评估在灾害治理的应急响应阶段、过渡安置阶段和灾后恢复重建阶段的全过程中，都具有极为重要的意义。

目前国际上的受灾群众灾后需求评估，主要是在灾后应急响应阶段开展。由于受灾现场的可触及性、灾后人群的分散性以及调研成本等因素的约束，大部分受灾群众需求调研往往只是选择某一个社区或者某一类人群而展开，调研内容也聚焦在受灾人群基本生存需求这一单一主题。这种单一的受灾群众需求调研，对于了解局部具体的需求有效，但是无法满足对整个灾区受灾群众需求状态的了解。因此，如何快速、全面、准确地了解受灾群众的灾后需求，是整个灾后评估工作的重中之重。尽管这类全面的灾后需求评估工作相对较少，但在现实的灾害应对中还是有过类似的评估尝试，例如，亚洲开发银行和世界银行对 2005

年巴基斯坦地震的综合灾后需求评估，以及东盟、联合国和缅甸政府共同对 2008 年 5 月强热带风暴"纳尔吉斯"发生之后的村一级社区需求评估（赵延东、李强，2013）。另外，2015 年的尼泊尔地震后，尼泊尔政府联合各方力量也开展了灾后需求评估。在 2015 年 4 月 25 日加德满都地区第一次 7.6 级地震和 5 月 12 日的第二次大的地震后，尼泊尔政府授权国家计划委员会副会长，由其领导下的尼泊尔国家计划委员会组织建立灾后需求评估工作组，该工作组成员包括从中央到地方政府以及合作开发伙伴，同时还整合了来自联合国、欧盟委员会、世界银行和其他国家及国际组织等利益相关者，该工作组在全国人民代表大会监督下开展灾后需求评估工作（顾林生、赵星磊、余捷、肖辉、王蓉，2015）。这几次综合需求评估方法为快速地了解灾害损失的大致情况，以及为灾后重建规划提供战略性的框架和方向提供了坚实的基础。但缺点是评估内容不够深入，并且更多地只关心灾害的经济属性。例如，尼泊尔地震灾后需求评估重要的结论之一就是地震造成的损失为 51.5 亿美元，灾后重建需要 66 亿美元。[①]

本章的研究开始于汶川地震发生后的一个月，到本研究的调查开展前后，有关灾害对人员伤亡和经济损失造成的影响的研究相对较多（Ergonul，2005；Michael，Farquhar，Wiggins，and Green，2008；苏小妹、苏小娟，2008；赵荣国、李卫平，2000）。另外，关于灾害对受灾群众的身心健康影响的研究也较多（Irene et al.，2005；Roorda and Rubingh，2004；Sandra，2006；Sandra and John，1998；任凯等，2008）。而针对受灾群众的安置研究相对较少，因此有必要以汶川地震为实证研究基础，针对受灾群众分析他们的需求。一方面，这不但有利于了解巨灾应对中受灾群众关注的重点，从而有针对性地实施救助；另一方面，也是为了探索特大自然灾害发生后，灾后重建路径切入点的普适规律。2008 年 7 月 4 日至 7 月 15 日，汶川地震发生近两个月之后，此时正处于灾后过渡安置阶段，大量受灾群众还住在板房和临时帐篷中。我们选择了四川省极重灾区之一的绵阳地区，就这些受灾群众的安置情况开展了入户调查。这

---

① http：//www.worldbank.org/en/news/press – release/2015/06/16/nepal – quake – assessment – shows – need – effective – recovery – efforts.

也是国内为数不多以受灾群众的家庭和个人为调研单位，深入社区层面的综合性需求调查。对家庭和个人的需求展开调查，是反映灾后真实需求的关键，同时，由于家庭和个人调查能够更加全面、准确地获得信息，因此也是灾后需求评估中应用最为有效的方法（Hurt，Malilay，Noji，and Wurm，1994；Kamp，2006；Van Kamp et al.，2006）。

（一）受灾群众需求快速评估分析框架

到目前为止，受灾群众需求调查的内容在国际上尚未形成统一的模式。由于每次灾害所产生的影响不尽相同，具体到每一次灾害的需求评估，都会根据灾害对当地居民的冲击情况，进行针对性的设计。一般而言，灾后需求评估将包括伤亡、发病率、损失和主要需求的信息（Pawar，Shelke，and Kakrani，2005）。在应急响应阶段开展的快速需求评估主要关注的是受灾群众最迫切的基本生存需求，主要聚焦在健康和卫生服务、营养状况、教育、食品安全、住房和家庭经济方面的需求，等等（赵延东、张化枫，2013）。在构建汶川地震紧急救援阶段受灾群众需求的快速评估体系时，我们结合以上重点需求原则，在灾害现场与受灾群众实地访谈的基础上，设计了此次快速评估的维度和相应的指标。维度分为4个，分别是关键需求、房屋、生计与满意度，关键需求维度包括灾区群众当时关心的过渡安置期的需求、长期需求和对政策的要求3个指标；房屋维度包括住房受损情况、临时安置房情况、房屋重建资金、永久性住房选址和永久性住房资助方式5个指标；生计维度包括政府补贴原则偏好和未来生计选择2个指标；满意度维度包括生活满意度和对政府的满意度2个指标。各指标的具体释义如表1—1所示。

表1—1　　汶川地震应急响应阶段受灾群众需求快速评估框架

评估维度	评估具体指标	指标释义
关键需求	过渡安置期的需求	过渡安置期最迫切得到的帮助
	长期需求	未来需要重点解决的困难
	对政策的要求	需要政府帮助的重点需求

续表

评估维度	评估具体指标	指标释义
房屋	住房受损情况	地震前居住房屋的损失情况
	临时安置房情况	过渡安置阶段居住的房屋情况
	房屋重建资金	房屋重建资金自我估算
	永久性住房选址	灾后重建住房的选址意向
	永久性住房资助方式	修建永久性住房希望得到的资助方式
生计	政府补贴原则偏好	倾向于政府采用何种补贴方式
	未来生计选择	未来生活来源的考虑
满意度	生活满意度	对当前生活的满意度
	对政府的满意度	对政府工作的满意度

（二）抽样方法

根据研究目的和实际工作情况，选择绵阳市作为研究地点，采用分层随机抽样调查方法，开展入户问卷调查。入户问卷以家庭为单位了解灾后群众安置中的基本情况和需求。

绵阳市是本次受地震灾害影响主要灾区中最大的一个地级市。绵阳市辖区包括 9 个县（市、区），其中有 4 个县（市）属于极重灾区，包括受灾最严重的北川县，4 个县（区）属于严重灾区，1 个县属于重灾区。绵阳市人均 GDP、城镇人均实际可支配收入、农村人均纯收入以及人均财政收入等经济指标在四川受地震灾害影响 6 个市（州）中居于中等水平。因此，可认为通过对绵阳市的入户问卷调查，可以有效推断地震灾区整体情况。

由于绵阳市 9 县（市、区）人口差异较大，如根据《2007 年四川统计年鉴》，北川人口为 16 万人，而三台县人口为 146 万人，并且越是极重灾区，人口相对越少，加之从实际操作角度出发，因此采用分层随机抽样调查方法。在绵阳市 9 县（市、区）内，每个县（市、区）随机抽取两个村（社区），每个村（社区）随机抽取 100 户居民。另考虑极重灾区、少数民族分布、异地安置等因素，在北川县、安县各额外随机抽取 100 户，总计随机抽取 2003 户（实际操作中，因各种不可控因素，各地区实际抽样数有所调整）。进行数据分析时，依据不同县

（市、区）人口数，调整样本权重，即可有效推断总体参数。

在临时安置区，采用两阶段随机抽样方法来选择受灾家庭。

首先是临时安置区的选择：当时由于没有获得关于绵阳市有多少安置区的统计数字，因此主要依靠绵阳党校的两个老师负责联系板房区，对临时安置区的抽样只有依靠平时的人际关系来进行（即有两个党校老师认识或通过其他关系能联系上的熟人在的临时安置区）。笔者对他们提出的要求是要较大的安置区，而且每个被调查安置区的灾民的主要来源地要尽量不同。

其次是进入临时安置区后的家庭选择：因为板房区的每户家庭都有编号，抽样时采取隔一户进一户（every two houses）；因为当时每个安置区有多个家庭，所以对每个进入的板房区，选择其中户主在的一个家庭；如果户主不在，就选择户主的配偶在的一个家庭，如果都不在，就跳过该住户。

（三）调查方式

调研于 2008 年 7 月 4 日至 7 月 15 日进行，大部分受灾群众住在帐篷和板房，如此突然发生的地震，对于政府来说，也没有经验，这段时间处于一种应急响应的救灾阶段，对灾民的安置还处于临时性的状态。入户问卷调查由北京师范大学社会发展与公共政策学院两位教师带队，事先培训学院研究生 6 人担任督导员。在成都招募四川大学和四川师范大学相关专业本科生 20 人担任调查员，并由带队教师和督导员进行培训。在绵阳市通过市委党校联系 9 个县（市、区）政府进行抽样，之后进入村（社区）入户调查。

对于调查质量主要通过现场督导、每日清查和数据清理三个步骤保障。

入户调查时分为四组，每组组长由督导员担任。组长不仅负责现场入户调查时的组织工作，并且负责对调查员的督导，现场解决入户调查中出现的各类特殊情况。如督导员现场遇到无法解决的问题，则可直接与带队教师商议，加以解决。

每日入户调查完毕后，晚上返回驻地后由带队教师和督导员对每日调查问卷进行复核清查，解决当日问卷中可能出现的各类问题。在核查完当日问卷后，会集中所有调查员开总结会，评点当日的调查工作，向所有调查员分析讲解出现的各类问题及其解决方式，对于当日调查工作存在问题的调查员进行批评指正。对于连续出现问题的调查员，则立即停止其入户调查工作。

问卷全部收集完毕后，由督导员参与数据录入工作，以帮助解决录入中出现的各类问题。全部数据录入后，由督导员负责数据清理工作。

通过以上三个步骤，可以充分保障调查数据的质量。

（四）调查样本描述性统计

经过清理后，本次入户问卷调查有效样本共计2003户，7407人。

由于问卷调查过程中遇到的一些实际问题，最后抽样的地区分布没有完全按照居住的分布。具体分布见表1—2。

表1—2　　　　　　　　样本地区分布

家庭地点	北川县	江油市	安县	三台县	游仙区	涪城区	盐亭县	梓潼县	平武县	总计
样本量	449	255	373	102	107	286	55	190	186	2003

从个人样本情况看，基本统计信息如下：男性占样本的51.2%，女性占48.8%；非农业户口比例为18.91%，农业户口比例为81.09%；汉族比例为76.66%，羌族比例为23.17%；无宗教信仰比例为89.76%；已婚比例为65.81%；最高受教育程度状况，文盲比例为16.77%，小学比例为28.79%，初中比例为27.72%，高中及以上比例为11.73%，正在上学比例为14.98%；年龄分布中，0—19岁比例为20.6%，20—40岁比例为32.93%，40—60岁比例为29.86%，60岁以上比例为16.62%。

四　关键需求分析

（一）整体情况

1. 过渡安置期间的迫切需求

调查显示，灾区家庭最需要的生活用品是衣服和鞋，占各类提及需求总和的17.70%；其次是被褥、粮食和肉类，分别为16.2%、10.0%

和9.8%。可以看出，当受灾群众有栖息之地之后，"衣""食"是过渡安置阶段受灾群众最迫切需要的救灾物资。

表1—3 目前最需要的物品

物品类别	数量	总计百分比（%）
衣服和鞋	481	17.7
被褥	440	16.2
粮食	271	10.0
肉类	265	9.8
电扇	261	9.6
其他生活用品	238	8.8
药品	219	8.1
饮用水	169	6.2
不知道或者没有回答	108	4.0
帐篷	81	3.0
奶粉	78	2.9
自行车	59	2.2
发电机	43	1.6
总计	2713	100.0

2. 长期最关心的需求

在调查中，通过询问受灾群众他们最关心的问题来了解他们最迫切的需求，要求他们分别选出第一位和第二位最关心的问题。

如表1—4和表1—5所示，受灾家庭第一位关注的问题中，最突出的是住房问题，占样本比例为65.6%；其次是今后的生计问题，占16.5%。第二位关注的问题中，最突出的是今后生计问题，占45.6%，其次是住房问题，占17.5%。因此，汶川地震灾后恢复重建工作中最核心的工作将是如何有效地解决灾民的住房和生计发展问题。

表 1—4　　　　　　　　　现在最关心的问题（第一位）

第一位关心的问题	频率	百分比	有效百分比	累计百分比
住房问题	1313	65.6	66.9	66.9
今后的生计问题	331	16.5	16.9	83.7
子女教育	106	5.3	5.4	89.1
重建计划不明确	90	4.5	4.6	93.7
其他	40	2.0	2.0	95.8
家人团聚	29	1.4	1.5	97.2
社会不安定	27	1.3	1.4	98.6
分配不公	23	1.1	1.2	99.8
缺失值	4	0.2	0.2	100.0
总计	1963	98.0	100.0	

表 1—5　　　　　　　　　现在最关心的问题（第二位）

第二位关心的问题	频率	百分比	有效百分比	累计百分比
今后的生计问题	914	45.6	50.8	50.8
住房问题	351	17.5	19.5	70.4
重建计划不明确	196	9.8	10.9	81.3
子女教育	117	5.8	6.5	87.8
其他	78	3.9	4.3	92.1
分配不公	55	2.7	3.1	95.2
家人团聚	46	2.3	2.6	97.7
社会不安定	22	1.1	1.2	98.9
缺失值	19	0.9	1.1	100.0
总计	1798	89.8	100.0	

3. 对政府的需求

进一步询问受灾群众对政府优先工作的要求，结果显示：灾区家庭认为政府应该优先做的工作中，第一重要的是提供长久住房，占提及率的 47.8%。第二重要的是提供就业机会，占 20.2%。第三重要的是改善学校条件，占 16.7%。具体参见表 1—6。

表1—6　　　　　　　　　当前希望政府最优先做的工作

	第一重要		第二重要		第三重要	
	频次	百分比	频次	百分比	频次	百分比
提供长久住房	956	47.8	317	16.2	181	9.6
提供就业机会	92	4.6	394	20.2	217	11.6
改善学校条件	234	11.7	242	12.4	313	16.7
提供临时住房	220	11.0	65	3.3	36	1.9
维修当地道路	330	16.5	308	15.8	171	9.1
加强水利设施建设	46	2.3	165	8.5	195	10.4
改善水、电、气、通信等基础设施	39	2.0	203	10.4	296	15.8
改善医疗服务	35	1.8	163	8.4	256	13.6
不知道/没有回答	40	2.0	59	3.0	138	7.3
以上不符合	8	0.4	35	1.8	75	4.0
总计	2000	100	1951	100	1878	100

综合来看，结合前文受灾群众对物品的需求，可以看出，地震发生后的过渡安置初期，受灾群众在物质上最重要的需求是"衣"和"食"，而对于未来生活最迫切的需求是解决"住房"和"生计"问题。"衣"和"食"可以很快解决，最难解决的是"住房"和"生计"，在灾后恢复重建阶段，如何制定科学的住房重建规划和受灾群众生计发展路径，是摆在四川省各级政府面前最大的困难。

(二) 分地区比较

以受灾家庭震前所住地区作为分地区比较的划分依据。

1. 过渡安置阶段的需求

从短期需求来看，北川县的受灾家庭需要各类物资最多，其中又以衣服、鞋、被褥需求最大，其次是电扇、饮用水、粮食和药品；安县受灾家庭所需物资仅次于北川县，最需要的物资为衣服、鞋、肉类和被褥，其次是电扇。其他地区中，江油市最需要的是被褥、粮食和电扇；平武县最需要的物资是衣服、鞋、被褥和肉类；三台县最需要的是粮食和被褥；游仙区最需要的是粮食和肉类；涪城区最需要的是粮食，药品，衣服、鞋和被褥；盐亭县最需要的是衣服、鞋和被褥。梓潼县最需要的是粮食。

表1—7　　　　　　　　不同地区短期需求的比较　　　　　　　单位：%

	北川县	江油市	安县	三台县	游仙区	涪城区	盐亭县	梓潼县	平武县
衣服、鞋	57.9	9.8	30.8	2.9	1.9	5.6	12.7	5.3	23.1
被褥	47.2	15.3	30.3	4.9	2.8	5.2	12.7	4.7	19.9
粮食	22.3	12.9	14.2	6.9	5.6	7.7	7.3	14.2	10.2
肉类	12.9	8.6	30.8	2.9	4.7	3.8	5.5	7.4	18.3
奶粉	7.3	2.4	7.5	1.0	0	1.0	0	0.5	3.2
饮用水	22.9	7.5	5.9	2.0	0.9	3.1	1.8	0.5	5.9
药品	19.6	5.5	14.5	1.0	2.8	5.9	7.3	6.8	13.4
帐篷	8.7	2.0	4.0	1.0	0.9	1.7	0	5.3	2.7
发电机	7.6	0.4	0.8	0	0	0.3	1.8	0	1.6
自行车	6.0	2.0	5.1	1.0	0	0.3	0	1.1	2.2
电扇	23.2	12.2	21.2	2.0	0.9	4.5	1.8	3.2	12.9
其他生活用品	21.6	9.8	15.8	2.9	1.9	1.7	0	6.8	18.3

注：表中数据为提及频次除以每个地区的家庭样本数所得。

2. 长期需求

第一位关注的问题，在调查的九个地区都是"住房问题"显得最为突出。这九个地区又以江油市最为重视"住房问题"，其次是平武县、梓潼县、北川县和涪城区。

表1—8　　　　　不同地区最关心问题的比较（第一位）　　　　　单位：%

	北川县	江油市	安县	三台县	游仙区	涪城区	盐亭县	梓潼县	平武县
今后的生计问题	23.6	6.7	28.2	12.7	19.6	11.5	12.7	8.9	6.5
住房问题	64.6	81.2	59.5	56.9	57.0	64.3	52.7	67.4	72.0
家人团聚	1.1	2.7	1.3	0	3.7	1.4	1.8	1.1	0.5

续表

	北川县	江油市	安县	三台县	游仙区	涪城区	盐亭县	梓潼县	平武县
分配不公	1.3	0	1.3	1.0	1.9	1.4	0	2.6	0
重建计划不明确	5.3	2.7	4.6	7.8	2.8	3.8	5.5	1.6	7.5
社会不安定	1.3	0.4	0.3	6.9	4.7	1.4	1.8	1.1	0
子女教育	2.2	5.5	3.2	2.0	3.7	7.3	10.9	7.9	11.8
其他	0	0	0.3	3.9	2.8	5.2	7.3	5.3	1.6

注：表中数据为提及频次除以每个地区的家庭样本数所得。

第二位关注的问题，在调查的九个地区都是"今后的生计问题"显得最为突出。这九个地区，又以北川县和安县最为重视"今后的生计问题"，其次是江油市和平武县。

表1—9　　　　　　不同地区最关心问题的比较（第二位）　　　　　单位:%

	北川县	江油市	安县	三台县	游仙区	涪城区	盐亭县	梓潼县	平武县
今后的生计问题	54.6	45.5	52.5	35.3	42.1	34.3	38.2	38.9	44.6
住房问题	26.7	12.9	26.0	6.9	10.3	8.4	18.2	8.4	17.7
家人团聚	2.9	3.1	1.6	2.9	1.9	1.7	7.3	1.1	1.6
分配不公	2.7	6.3	1.6	2.0	0.9	2.1	0	5.3	1.1
重建计划不明确	6.5	12.2	10.2	14.7	5.6	14.0	7.3	5.3	12.4
社会不安定	0.4	1.6	0.5	1.0	3.7	1.0	1.8	1.6	1.1
子女教育	2.4	6.3	1.6	12.7	11.2	7.7	5.5	8.9	9.1
其他	0.4	0.4	0.3	2.9	8.4	8.7	9.1	11.1	5.9

注：表中数据为提及频次除以每个地区的家庭样本数所得。

3. 对政府的需求

分地区比较受灾群众对政府工作优先次序的要求可以发现，灾后重建中，受灾家庭均认为政府第一重要的工作是提供长久住房，其中又以江油市、梓潼县和平武县需求最为突出。另外，北川县也亟须提供临时住房。

18

表1—10　　　　　不同地区希望政府优先做的工作的比较（第一位）　　　单位：%

	北川县	江油市	安县	三台县	游仙区	涪城区	盐亭县	梓潼县	平武县
提供临时住房	30.7	8.2	7.0	0	0.9	1.0	0	1.1	15.6
提供长久住房	40.8	56.1	49.1	39.2	44.9	49.0	34.5	55.3	51.1
维修当地道路	10.9	5.9	28.7	25.5	13.1	13.3	40.0	18.9	12.4
提供就业机会	4.9	4.3	2.9	10.8	15.0	2.8	0	5.3	1.6
加强水利设施建设	0	0	0.8	5.9	2.8	8.0	10.9	2.6	0
改善水、电、气、通信等基础设施	1.6	2.4	1.6	2.9	8.4	1.0	1.8	0	2.2
改善学校条件	7.8	20.0	6.7	8.8	10.3	17.8	9.1	8.9	16.1
改善医疗服务	1.8	2.7	1.1	1.0	1.9	2.1	1.8	2.1	1.1

注：表中数据为提及频次除以每个地区的家庭样本数所得。

表1—11　　　　　不同地区希望政府优先做的工作的比较（第二位）　　　单位：%

	北川县	江油市	安县	三台县	游仙区	涪城区	盐亭县	梓潼县	平武县
提供临时住房	8.7	2.4	3.8	0	0	0	1.8	0.5	2.2
提供长久住房	22.9	18.4	15.5	11.8	6.5	9.8	16.4	7.9	20.4
维修当地道路	12.2	6.7	17.7	21.6	15.0	13.6	20.0	20.5	23.1
提供就业机会	24.3	20.8	23.9	18.6	23.4	14.0	12.7	16.3	11.3
加强水利设施建设	4.7	5.1	8.8	13.7	11.2	14.3	16.4	7.9	3.8
改善水、电、气、通信等基础设施	8.7	11.0	15.0	8.8	9.3	7.0	7.3	7.4	12.4
改善学校条件	10.5	13.3	7.5	11.8	18.7	15.4	10.9	12.1	15.1
改善医疗服务	5.3	17.3	4.8	2.9	5.6	11.2	9.1	8.4	8.1

注：表中数据为提及频次除以每个地区的家庭样本数所得。

灾后重建中，受灾家庭认为政府第二重要的工作在不同地区有所不同。北川县、江油市、安县、游仙区都将提供就业机会放在第二重要的位置。三台县、盐亭县、梓潼县和平武县则认为维修当地道路为第二重要的事情。涪城区则认为改善学校条件为第二重要的政府工作。

灾后重建中，受灾家庭认为政府第三重要的工作在不同地区也有所不同。北川县、安县、盐亭区和平武县都将改善水、电、气、通信等基础设施放在第三重要的位置。江油市和梓潼县则认为改善学校条件为第二位重要的事情。三台县、游仙区、涪城区则认为改善医疗条件是第二重要的政府工作。

表1—12　　　　不同地区希望政府优先做的工作的比较（第三位）　　单位:%

	北川县	江油市	安县	三台县	游仙区	涪城区	盐亭县	梓潼县	平武县
提供临时住房	4.2	0.4	1.9	0	2.8	0	1.8	0.5	2.2
提供长久住房	8.7	8.6	13.7	9.8	4.7	4.5	12.7	6.3	11.8
维修当地道路	11.8	9.0	11.8	2.0	2.8	4.2	3.6	4.7	12.4
提供就业机会	17.6	12.2	11.5	6.9	6.5	3.8	3.6	7.9	11.8
加强水利设施建设	6.9	9.0	16.1	9.8	4.7	12.2	9.1	7.9	5.9
改善水、电、气、通信等基础设施	17.1	12.5	17.4	14.7	10.3	13.3	20.0	9.5	15.6
改善学校条件	16.0	19.2	15.0	15.7	22.4	15.4	14.5	14.2	9.1
改善医疗服务	11.1	14.9	6.7	18.6	25.2	16.8	16.4	10.5	10.8

注：表中数据为提及频次除以每个地区的家庭样本数所得。

五　房屋需求评估

（一）整体评估

1. 房屋受损情况与灾后住所类型变化及其搭建方式

在受灾程度上，住房遭到完全损坏的有931户，受损需要拆除的有399户，这两种情况的住房之和占样本总数的69.8%。住房受损需要加固的有449户，占样本总户数的23.6%。房屋基本没损坏的仅为126

户，占样本总数的6.6%。说明此次地震住房受损非常严重。从住房类型来看，"砖混结构平房"和"其他楼房"受到的破坏最大，分别占样本总数的32.9%和29.3%。

因此，灾后的住房重建将是汶川地震受灾群众需要解决的最核心问题之一。

表1—13 房屋受损情况

受损程度	震前住房类型						总计	
	单元楼房	其他楼房	别墅	砖混平房	土坯平房	其他	计数	百分比
完全损坏	99	226	29	368	77	132	931	48.9%
受损需拆除	27	116	18	107	77	54	399	20.9%
受损需加固	62	177	28	118	31	33	449	23.6%
基本没有损坏	18	39	30	33	4	2	126	6.6%
小计 小计	206	558	105	626	189	221	1905	100%
小计 百分比	10.8%	29.3%	5.5%	32.9%	9.9%	11.6%		

2. 临时安置房情况

受灾后，样本中的家庭绝大多数转入了临时搭建的帐篷/棚子，有1326户；其次是转入了活动板房，为230户；转入居民平房、居民楼房和其他类型住所的居民很少，分别为1户、8户和3户。由此可见，临时搭建的帐篷/棚子和活动板房是地震发生初期最主要的安置手段。

临时帐篷/棚子的搭建方式以"自搭""其他政府部门搭建""其他组织搭建"为主，分别为669户、442户、129户；活动板房主要以"其他政府部门搭建"为主，为194户。说明在地震发生初期，自建和外部有组织的帮助是最主要的临时安置方式。

当巨灾发生后，妥善安置受灾群众最重要的工作是受灾群众的住所，帐篷和搭建简易棚子的材料是在紧急救援阶段需要能够立即提供的物资材料。

表 1—14 　　　　　　　　　 灾后安置房屋情况

现在住所类型	搭建方式	震前住房类型							合计
		楼房		别墅	平房		其他	小计	
		单元楼	其他		砖混	土坯			
临时帐篷/棚子	自搭	36	219	44	217	93	60	669	1326
	村/社区搭建	3	3	1	2	2	1	12	
	乡镇/街道搭建	6	4	3	14	4	5	36	
	其他政府部门搭建	82	104	8	150	25	73	442	
	其他组织搭建	7	31	3	53	8	27	129	
	其他人搭建	6	13	0	13	1	5	38	
活动板房	自搭	0	0	0	1	0	1	2	230
	村/社区搭建	0	0	0	0	0	0	0	
	乡镇/街道搭建	0	1	0	0	2	0	3	
	其他政府部门搭建	7	64	11	78	5	29	194	
	其他组织搭建	2	0	0	5	0	7	14	
	其他人搭建	0	9	0	7	1	0	17	
居民平房	自搭	0	0	0	1	0	0	1	1
	村/社区搭建	0	0	0	0	0	0	0	
	乡镇/街道搭建	0	0	0	0	0	0	0	
	其他政府部门搭建	0	0	0	0	0	0	0	
	其他组织搭建	0	0	0	0	0	0	0	
	其他人搭建	0	0	0	0	0	0	0	
居民楼房	自搭	0	2	0	1	0	0	3	8
	村/社区搭建	0	0	0	0	0	0	0	
	乡镇/街道搭建	0	0	0	0	0	0	0	
	其他政府部门搭建	3	2	0	0	0	0	5	
	其他组织搭建	0	0	0	0	0	0	0	
	其他人搭建	0	0	0	0	0	0	0	

续表

现在住所类型	搭建方式	震前住房类型							合计
		楼房		别墅	平房		其他	小计	
		单元楼	其他		砖混	土坯			
其他类型	自搭	1	0	0	0	0	0	1	3
	村/社区搭建	0	0	0	0	0	0	0	
	乡镇/街道搭建	0	0	0	0	0	0	0	
	其他政府部门搭建	1	1	0	0	0	0	2	
	其他组织搭建	0	0	0	0	0	0	0	
	其他人搭建	0	0	0	0	0	0	0	
合计		154	453	70	542	141	208		

3. 房屋重建资金估算

根据受灾家庭的主观回答，如果重建与原来一样的房子，各种住房类型所需资金平均值分布为，从耗资最小的单元楼房的 11.27 万元到耗资最大的单栋/并排别墅的 21.02 万元，参见表 1—15。震前不同性质房屋的重建资金分布为，从所需资金最少的继承或获赠房的 9.33 万元到最多的商品房 21.02 万元不等，参见表 1—16。

表 1—15 　　　　　　　　不同类型住房重建估价　　　　　　　单位：万元

震前住房类型	平均值	最大值	最小值
单元楼房	11.27	35.00	3.00
其他楼房	13.76	30.00	3.00
独栋/并排别墅	21.02	90.00	0.80
砖混结构平房	12.23	30.00	0.80
土坯结构平房	13.00	30.00	5.00
其他	17.82	99.90	2.00

表 1—16 不同产权住房重建估价 单位：万元

震前住房性质	平均值	最大值	最小值
公房/廉租房	11.27	35.00	3.00
单位宿舍	13.76	30.00	3.00
商品房	21.02	90.00	0.80
经济适用房	12.23	30.00	0.80
限价商品房	13.00	30.00	5.00
个人集资房	17.82	99.90	2.00
自建房	10.69	90.00	0.20
继承或获赠房	9.33	40.00	1.00
不知道/没有回答	14.87	30.00	5.00

由于是被访者主观回答的数据，这个数据比实际估计值要大，在实际恢复重建时，应注重引导灾民家庭对房屋受损价值的判断，避免产生社会矛盾。

从表 1—17 中可以看出，受损比例比较大的是自建房，其中仍然是其他楼房和砖混结构的平房受损比例大。因此，这部分住房性质的受灾家庭的房屋建设是灾后安置的重要对象。砖混结构的平房和其他楼房的重建主观平均造价分别为 8.33 万元和 14.71 万元，最低价为 0.20 万元和 0.30 万元。

表 1—17 不同震前房屋性质重建估价 单位：万元

震前房屋性质	震前房屋类型		重建一所同样房屋的估价		
			平均值	最大值	最小值
公房/廉租房	单元楼房	16	10.54	20.00	5.00
	其他楼房	7	18.50	25.00	10.00
	独栋/并排别墅	1	35.00	35.00	35.00
	砖混结构平房	13	8.50	15.00	3.00
	土坯结构平房	1	5.00	5.00	5.00
	其他	2	9.50	15.00	4.00

震前房屋性质	震前房屋类型		重建一所同样房屋的估价		
			平均值	最大值	最小值
单位宿舍	单元楼房	22	14.67	30.00	3.00
	其他楼房	8	13.43	30.00	8.00
	砖混结构平房	4	12.00	15.00	5.00
	其他	1	4.00	4.00	4.00
商品房	单元楼房	67	22.83	70.00	2.00
	其他楼房	22	21.95	90.00	3.00
	砖混结构平房	13	9.82	18.00	2.00
	土坯结构平房	1	4.00	4.00	4.00
	其他	2	25.40	50.00	0.80
经济适用房	单元楼房	8	12.54	30.00	0.80
	其他楼房	1	10.00	10.00	10.00
限价商品房	单元楼房	2	20.00	30.00	10.00
	砖混结构平房	2	6.00	7.00	5.00
个人集资房	单元楼房	44	19.57	60.10	2.00
	其他楼房	9	27.65	99.90	10.00
	独栋/并排别墅	2	20.00	20.00	20.00
	砖混结构平房	10	7.90	15.00	2.00
	其他	2	3.50	4.00	3.00
自建房	单元楼房	42	18.77	90.00	5.00
	其他楼房	518	14.71	80.00	0.30
	独栋/并排别墅	104	15.98	70.00	2.00
	砖混结构平房	576	8.33	60.00	0.20
	土坯结构平房	185	6.09	33.00	0.20
	其他	223	8.41	80.00	0.50
继承或获赠房	砖混结构平房	12	10.92	40.00	1.00
	土坯结构平房	7	5.86	16.00	1.00
	其他	5	10.40	30.00	5.00
不知道/没有回答	单元楼房	15	14.78	30.00	5.00
	其他楼房	11	17.83	30.00	8.00
	砖混结构平房	4	7.50	8.00	7.00
	其他	1	20.00	20.00	20.00

注：表中删除了没有震前房屋类型选项的数据。

4. 重建永久性住房选址

大部分受灾家庭希望重建的永久住房建在原来的住址，占回答样本的 60.0%。其次是希望建在新的地方，并与原来的社区居民居住在一起占 22.6%。选择在新地方分散居住的家庭很少，仅为 3.5%。另外，13.8% 的家庭对永久住房的重建地址和居住方式表示无所谓。基于调查结果，建议在灾后重建永久住房时，首先考虑在受灾家庭原来的住址上重建住所，其次对那些已经无法居住的原住址，如北川县等，可以考虑将原属一个地区的受灾家庭整体安置在新的地方。

表 1—18 　　　　重建永久性住房的选址意愿统计 　　　　　单位:%

	频率	百分比	有效百分比	累计百分比
在原来的住址重新修建	1115	60.0	60.0	60.0
在新的地方与原来社区居民集中居住	420	22.6	22.6	82.7
在新的地方分散居住	65	3.5	3.5	86.2
无所谓	257	13.8	13.8	100.0
总计	1857	100.0	100.0	

5. 修建永久性住房的资助方式

在修建永久性住房的费用方面，大部分家庭认为需要政府承担部分成本，占样本的比例为 58.9%。认为需要政府提供无息/低息贷款的家庭有 17.1%。认为应该由政府承担全部成本的家庭比例为 17.1%。因此，在修建永久住房的费用问题上，政府可以考虑以提供部分房屋重建成本为主要资金帮助手段，同时结合无息/低息贷款的帮助形式，对有特殊困难的家庭可以采取承担全部成本的方式。

表 1—19 　　　希望政府在重建永久性住房的费用方面提供的帮助

	频率	百分比	有效百分比	累计百分比
政府承担全部成本	331	17.1	17.1	17.1
政府承担部分成本	1138	58.9	58.9	76.0
政府提供无息/低息贷款	331	17.1	17.1	93.2

续表

	频率	百分比	有效百分比	累计百分比
政府提供一般贷款	7	0.4	0.4	93.5
灾民自建，有无政府帮助无所谓	92	4.8	4.8	98.3
其他	33	1.7	1.7	100.0
总计	1932	100.0	100.0	

6. 政府补贴原则

在政府补贴方面，受灾家庭大多数赞同"家庭人口多的多得""受损失大的多得"这两种补贴方式，分别占 39.3% 和 39.7%。因此，政府对受灾家庭进行补贴时，应根据受灾程度和受灾人数，按照公平原则进行分配。

表 1—20　　　　希望政府对不同家庭采取怎样的补贴方式

方式	频率	百分比	有效百分比	累计百分比
所有家庭同等对待	280	14.5	14.5	14.5
家庭人口多的多得	757	39.3	39.3	53.8
受损失大的多得	764	39.7	39.7	93.5
穷人多得	55	2.9	2.9	96.4
先到先得	0	0	0	0
其他	70	3.6	3.6	100.0
总计	1926	100.0	100.0	

（二）分地区比较

1. 房屋重建资金估算地区比较

九个地区重建房屋费用平均为 11.54 万元。房屋重建费用最高的是安县，均值为 14.17 万元，最低的是梓潼县，为 8.85 万元。同时，调查显示，每个地区的最低费用均不超过 1 万元，这主要是因为农村居民的住房重建成本较低。

表1—21   不同地区重建房屋估价的比较   单位：万元

家庭地点	均值	最小值	最大值
北川县	11.67	0.20	99.90
江油市	10.48	0.20	60.10
安县	14.17	0.30	80.00
三台县	10.85	1.00	30.00
游仙区	10.01	1.00	26.00
涪城区	11.78	0.60	90.00
盐亭县	10.63	1.00	55.00
梓潼县	8.85	0.80	40.00
平武县	10.72	1.00	60.00
总体均值	11.54		

2. 重建永久性住房选址地区比较

北川受灾家庭希望永久性住房建在新的地方并与原来的社区居民集中居住。平武县受灾家庭则除了表示希望永久性住房建在新的地方并与原来的社区居民集中居住外，同时也接受在原来的住址上重新修建。其他七个地区的受灾群众均表示愿意在原来的住址上重新修建永久住房。

表1—22   不同地区重建永久性住房选址意愿的比较   单位:%

	北川县	江油市	安县	三台县	游仙区	涪城区	盐亭县	梓潼县	平武县
在原来的住址重新修建	19.8	64.7	67.0	72.5	82.2	72.4	67.3	72.6	36.0
在新的地方与原来社区居民集中居住	46.1	16.5	16.6	7.8	2.8	3.8	3.6	9.5	36.0
在新的地方分散居住	9.4	0.4	1.9	1.0	0	0.7	0	1.6	4.8
无所谓	18.9	14.1	11.5	8.8	13.1	3.8	16.4	7.9	18.8

注：表中数据为提及频次除以每个地区的家庭样本数所得。

3. 修建永久性住房的资助方式地区比较

在修建永久性住房的费用问题上，九个地区的受灾家庭都将"需要政府承担部分成本"作为主要的资助方式，其次是认为需要政府提供无息/低息贷款，或政府承担全部成本。

表1—23　　　　不同地区对修建永久性住房资助方式的选择比较　　　　单位:%

	北川县	江油市	安县	三台县	游仙区	涪城区	盐亭县	梓潼县	平武县
政府承担全部成本	37.4	7.5	19.3	3.9	4.7	4.9	5.5	4.7	19.9
政府承担部分成本	47.0	69.4	60.1	67.6	43.0	57.0	56.4	58.9	56.5
政府提供无息/低息贷款	10.5	14.9	14.2	16.7	31.8	16.8	29.1	24.7	16.7
政府提供一般贷款	0	1.2	0	1.0	0.9	0.7	0	0	0
灾民自建，有无政府帮助无所谓	1.3	3.5	1.9	6.9	13.1	11.5	9.1	5.3	0.5
其他	0.9	2.0	1.1	0	2.8	3.1	0	1.6	2.7

注：表中数据为提及频次除以每个地区的家庭样本数所得。

4. 政府补贴原则的地区比较

表1—24　　　　　　不同地区对政府补贴原则的看法比较　　　　　单位:%

	北川县	江油市	安县	三台县	游仙区	涪城区	盐亭县	梓潼县	平武县
所有家庭同等对待	17.8	15.7	16.6	9.8	12.1	8.4	12.7	7.4	16.1
家庭人口多的多得	45.2	38.4	58.4	20.6	37.4	26.6	27.3	16.3	29.6
受损失大的多得	26.9	36.1	16.9	53.9	43.0	52.1	54.5	64.7	45.7
穷人多得	1.1	4.3	2.7	9.8	3.7	2.1	3.6	1.6	2.2
先到先得	0	0	0	0	0	0	0	0	0
其他	5.1	2.4	3.8	2.0	1.9	3.8	1.8	1.6	4.3

注：表中数据为提及频次除以每个地区的家庭样本数所得。

在政府补贴方面，北川县、江油市和安县受灾家庭大多赞同以"家庭人口多的多得"为主要方式；其他地区则更愿意接受"受损失大的多得"。因此，政府对受灾家庭进行补贴时，应根据受灾程度和受灾人数，按照公平原则进行分配。

六 生计发展

（一）样本整体情况

针对生计发展，我们通过询问受灾群众他们自身对未来生计的打算，来了解开展生产自救应该从哪个方面着手。调查结果如表1—25所示。

表1—25   对未来生计的打算

未来生计打算	频率	百分比	有效百分比	累计百分比
继续种地	733	36.6	55.8	55.8
进城打工	279	13.9	21.2	77.0
不知道该怎么办	145	7.2	11.0	88.1
等政府救济	77	3.8	5.9	93.9
做小生意	56	2.8	4.3	98.2
其他	23	1.1	1.8	99.9
以上不符合	1	0	0.1	100.0
小计	1314	65.6	100.0	

就生计问题而言，受灾群众主要考虑继续种地和进城打工，分别占样本总数的36.6%和13.9%，这与我们调查的样本大部分是农村居民有一定的关系。同时数据显示，7.2%的家庭不知道将来该怎么办，这部分灾民家庭加上没有做出回答的样本，总计有41.6%的家庭缺乏将来生计计划。因此，除积极为考虑继续种地的受灾群众提供必要的生产资料和进城务工机会外，还需要政府和社会对缺乏重建计划的家庭提供重建引导。

（二）分地区比较

对受灾家庭中有成员从事农业生产的样本分析，发现就未来生计规划来说，除北川县以外，其他八个地区的受灾群众都将继续种地作为未来生计规划的首选，其中又以盐亭县和游仙区最为突出，大部分被调查家庭表示愿意继续种地。北川县表现出对未来生计规划的迷茫和多元化，提及率最高的是不知道该怎么办和进城打工，但同时选择继续种地和等待政府救济的家庭也有一定比例。因此，北川是需要政府给予更多关注的地区。

表1—26　　　　　　　　　不同地区对未来生计规划的比较　　　　　　　单位:%

	北川县	江油市	安县	三台县	游仙区	涪城区	盐亭县	梓潼县	平武县
继续种地	10.7	27.1	26.0	31.4	74.8	63.6	78.2	67.4	29.0
进城打工	15.8	14.9	16.6	7.8	18.7	8.0	1.8	9.5	20.4
做小生意	2.4	2.0	3.5	1.0	1.9	2.8	0	4.7	3.8
等政府救济	10.0	1.2	2.7	0	0	0.7	1.8	0.5	8.1
不知道该怎么办	16.0	2.7	8.8	0	0.9	1.4	3.6	0.5	13.4
其他	2.0	2.0	0.8	0	0.9	1.0	0	0	1.1

注：表中数据为提及频次除以每个地区的有成员家庭从事农业生产活动的样本数所得。

七　灾区群众满意度情况

灾区群众满意度包括两方面，对当前生活状况满意度和对政府工作满意度。

（一）样本整体情况

1. 生活满意度

在调查的2003户家庭中，表示对当前生活很满意的家庭有223户，占11.1%；表示比较满意的有1504户，占75.1%；不太满意的家庭有

233 户，占 11.6%；很不满意的有 42 户，占 2.1%。整体来看，表示满意的家庭占大多数，为 86.2%。但是不容忽视的是有 13.7% 的家庭对当前生活状态表达出不同程度的不满。

表 1—27　　　　　　　　　**对当前生活的满意程度**

状态	频率	百分比	有效百分比	累计百分比
很满意	223	11.1	11.1	11.1
比较满意	1504	75.1	75.1	86.3
不太满意	233	11.6	11.6	97.9
很不满意	42	2.1	2.1	100.0
小计	2002	100.0	100.0	

2. 对政府工作的满意度

对政府在这次地震中的表现，绝大部分受灾家庭表示满意，为 88.7%。有 11.3% 的家庭认为政府的表现不太好。

表 1—28　　　　　　　　　**对政府工作的满意程度**

程度	频率	百分比	有效百分比	累计百分比
非常好	512	25.8	25.8	25.8
比较好	838	42.3	42.3	68.1
还算可以	409	20.6	20.6	88.7
不太好	224	11.3	11.3	100.0
总计	1983	100.0	100.0	

（二）分地区比较

1. 生活满意度

调查结果显示，九个地区的受灾家庭对目前生活的满意度平均值为 2.95 分，为比较满意。其中盐亭县满意度最高，为 3.13 分，其次是梓潼县和安县，分别为 3.08 分和 3.05 分。

表1—29 不同地区对当前生活的满意度及其差值

地点	数量	均值	均值差							
			盐亭县	梓潼县	安县	游仙区	涪城区	三台县	北川县	平武县
盐亭县	55	3.13								
梓潼县	190	3.08	0.05							
安县	373	3.05	0.08	0.03						
游仙区	106	2.93	0.20*	0.15*	0.12*					
涪城区	286	2.93	0.20*	0.15*	0.12*	0.00				
三台县	102	2.91	0.22*	0.17*	0.14*	0.02	0.02			
北川县	449	2.90	0.23*	0.18*	0.15*	0.03	0.03	0.01		
平武县	186	2.89	0.24*	0.19*	0.16*	0.04	0.04	0.02	0.01	
江油市	255	2.87	0.26*	0.21*	0.18*	0.06	0.06	0.04	0.03	0.02
总计	2002	2.95								

注1：满意度评价采用4分制，即"很满意""比较满意""不太满意""很不满意"，分别用4分、3分、2分和1分表示。

注2：*表示两两地区之间的满意度均值在0.05统计水平上具有显著差异。

调查结果显示，九个地区的受灾家庭对震后的生活现状处于比较满意的状态，表明中央和地方政府、基层干部、社会机构、志愿者等社会力量的援助，为受灾群众的临时安置营造了较好的条件。

采用ANOVA对九个地区的受灾家庭进行比较分析，F值为4.823，p值为0.000，说明盐亭县、梓潼县、安县三个地区之间存在显著差异。ANOVA分析进一步显示，这三个地区之间没有显著差异，其他六个地区之间也没有显著差异，而这三个地区与其他六个地区之间有显著性差异。因此，在将来进行受灾家庭的安置工作时，应该考虑地区之间的差异，具体来说，应将盐亭县、梓潼县、安县三个地区受灾家庭的安置工作与其他六个地区的安置工作区别对待。

2. 对政府工作的满意度

调查显示，九个地区对政府工作的评价均值为2.83分，为比较好。其中梓潼县、盐亭县和三台县的评价分值超过3分，并与其他地区有显著性差异，说明这三个地区的政府工作得到了当地受灾群众的高度评价。

同时，进一步分析受灾群众对政府评价与其灾后生活满意度之间的相关关系，结果显示两者之间的相关关系系数为 0.227，并在 p = 0.000 统计水平上显著。说明，政府工作对灾区群众的满意状况有一定的显著影响，但我们也看到相关系数并不是非常大，这与灾后灾民的安置情况相符合，即除了政府工作对他们的生活状况有所影响外，其他社会力量也对其有所影响，政府只是其中一部分的影响力量。

表 1—30 　　　　　不同地区对政府工作的满意度及其差值

	数量	均值	均值差							
			梓潼县	盐亭县	三台县	安县	江油市	涪城区	北川县	游仙区
梓潼县	189	3.23								
盐亭县	55	3.22	0.01							
三台县	101	3.17	0.06	0.05						
安县	367	2.81	0.42*	0.41*	0.36*					
江油市	253	2.77	0.46*	0.45*	0.40*	0.04				
涪城区	281	2.76	0.47*	0.46*	0.41*	0.05	0.01			
北川县	446	2.72	0.51*	0.50*	0.45*	0.09	0.05	0.04		
游仙区	106	2.67	0.56*	0.55*	0.50*	0.14	0.10	0.09	0.05	
平武县	185	2.66	0.57*	0.56*	0.51*	0.15	0.11	0.10	0.06	0.01
总计	1983	2.83								

注 1：对政府工作的评价采用 4 分制，即"非常好""比较好""还算可以""不太好"，分别用 4 分、3 分、2 分和 1 分表示。

注 2：* 表示两两地区之间的评价均值在 0.05 统计水平上具有显著差异。

八　不同时间调查结果比较研究

本研究进行入户调查的时间是 2008 年 7 月 2 日至 7 月 14 日。恰好零点公司在 2008 年 6 月初曾做过一个"5·12 地震灾区居民生活监测"的调查。这两个调查的结果可进行一定的对比。

零点公司的调查采用方便抽样的方法，于 2008 年 5 月 30 日至 6 月 3 日在成都、绵阳、都江堰、彭州、安县和绵竹 6 个地区，针对 889 名受灾居民（16.4%为住在自己家中的本地受灾居民；39.5%为住在帐篷中的本地受灾居民；14.1%为住在帐篷中的外地受灾居民；另外1.8%为投亲靠友的外地受灾居民）进行了面对面的问卷访问，其中包括220名10—17岁的未成年受灾居民和669名18岁及以上的成年受灾居民。

（一）安全感的变化

零点公司采用四分法调查灾区群众的安全感。本研究同样采用四分法调查灾区群众的安全感。结果见表1—31。从结果可以看出灾区群众在不同时间内安全感没有显著变化。

表1—31　　2008年6月初与7月初灾区群众安全感调查对比

你现在是否感到安全	很不安全	不太安全	比较安全	非常安全
零点（5.30—6.3）	1.80%	17.10%	68.05%	11.59%
本研究（7.2—7.14）	2.10%	20.26%	64.39%	13.26%

（二）对政府的满意程度

零点的灾区群众对政府满意度调查分成中央政府、地方政府和其他省份政府三类。本研究是对灾区群众对政府整体满意程度的调查。结果见表1—32。

表1—32　　2008年6月初与7月初灾区群众对政府满意度调查对比

对政府满意程度		不太好	还算可以	比较好	非常好
零点	对中央政府	0.00	0.60%	12.86%	86.40%
	对地方政府	3.44%	15.25%	42.00%	37.22%
	对其他省份政府	0.45%	1.94%	33.78%	62.78%
	综合	1.30%	5.93%	29.55%	62.13%
本研究		6.98%	19.72%	44.74%	28.38%

从结果看，随着抗震救灾从紧急救援阶段向临时安置阶段过渡，灾区群众对政府的满意度呈现明显的下降趋势。这一方面是因为随着地震

后时间的延续，较地震前恶劣多的生活环境越来越多地困扰灾区群众，同时在安置阶段也涉及更多的利益分配问题。在这种情况下，难免出现群众对政府的满意度下降的情况。另一方面，也存在随着地震后惊恐、紧张等情绪的逐步消散，灾区群众对政府的期望值逐步增加，造成满意度下降的情况。

但从整体看，至 2008 年 7 月，群众对政府满意度在比较好以上的达到 73.12%，说明政府在灾后所做的各项工作还是被群众认可的。

（三）临时安置的速度

零点调查了受灾群众获得临时安置住所的时间，其中三天以内获得临时安置住所的占 33.9%，三天以上获得临时安置住所的占 25.6%，到调查时尚未获得临时安置住所的占 22.0%。

从本研究调查结果看，灾区群众曾经露宿的比例达到 44.76%。这些人的平均露宿天数达到 21.46 天。

由此结果看，临时安置工作的进度还是存在一些问题，特别是在那些交通不便利的极重灾区和经济不发达的非极重灾区。

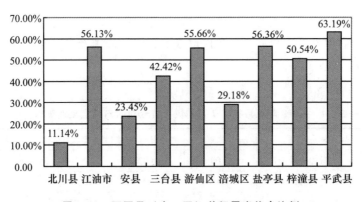

图1—3 不同县（市、区）曾经露宿住户比例

（四）对未来的期望

零点调查了灾区群众"预计多长时间自己和家人可以过上正常的生活"，其中三个月以内的占 28.8%，半年以内的占 17.2%，一年以内的占 11.1%，两年以内的占 9.8%，两年以上的占 21.5%，说不清的占

11.5%。

本研究询问了灾区群众"什么时候能恢复到震前的水平"，其中现在是震前水平的占 15.07%，半年以后的占 12.60%，一年以后的占 15.51%，三年至五年后的占 23.67%，更长时间的占 19.89%，很难恢复到原有水平的占 13.25%。

对比二者可见，随着震后时间的推移，灾区群众对震后恢复的信心在降低。这是一个值得各级政府格外重视的问题。

（五）灾后重建地点的选择

零点调查了灾区群众"是否愿意从灾前居住的地区搬到省内其他地区居住"，其中 75.1% 表示不愿意。

本研究调查了灾区群众对震后永久性住房重建地点的选择，其中 71.38% 选择了"在原来的住址重新修建"，11.38% 选择"在新的地方与原来社区居民集中居住"，另有 11.74% 选择"无所谓"，愿意"迁移至新地点分散居住"的仅占 1.19%。

从以上结果可见，绝大部分灾区群众还是希望灾后恢复重建在原地进行，而不要进行迁移重建。

九 结论和政策建议

（一）应重视政府工作对受灾群众满意度的影响

调查研究显示，受灾群众对政府工作的评价高低与他们对生活现状的满意度之间存在显著的相关关系。并且，随着抗震救灾从紧急救援阶段向临时安置阶段过渡，灾区群众对政府的满意度呈现明显的下降趋势。随着心理从灾后生存期向重建发展期的转变，受灾群众将在很大程度上依赖于政府的政策制定和实施，在这个过程中，资源分配公平性、灾后恢复水平等方面将直接影响到他们的满意度。因此要重视政府工作与受灾群众对生活现状满意度之间的关系。

分地区比较分析发现，盐亭县、梓潼县和安县这三个地区的受灾群众的生活满意度都显著高于其他地区，同时梓潼县、盐亭县和三台县对政府工作的评价也显著高于其他地区，因此，应分析盐亭县和梓潼县政府工作，看看是否存在可以向其他地区推广的安置经验。

（二）"住房"和"生计"是将来安置工作的重中之重

九个地区的受灾群众都将住房问题作为排在第一位最关心的问题，将未来生计问题作为排在第二位最关心的问题。因此，政府应将解决这两个问题作为灾后重建的重心。

在住房问题上，又以江油市最为重视"住房问题"，其次是平武县、梓潼县、北川县和涪城区。

对未来生计的规划，大部分受灾群众选择的是继续种地，其次是进城打工。因此，政府在解决受灾群众未来生计问题时，应该为愿意继续种地的灾民创造生产自救的条件，如提供必要的生产资料等；而针对愿意进城打工的群众，则应积极提供就业培训，为他们创造就业机会。另外，也有一定比例的群众对未来生活不知道该怎么办，就这部分群众而言，应帮助他们厘清思路，帮助他们树立未来生活的目标，在此基础上再有针对性地提供必要的支持。在不同地区，应将解决北川县和安县受灾群众的生计问题作为重点，其次是江油市。

（三）短期应解决的生活用品主要是"衣食"

整体来看，政府短期内应为灾区家庭提供的最需要的生活用品是"衣食"。

就不同地区而言，北川县对各类生活物资均存在较多需求，其中又以衣服、鞋、被褥需求最大；安县受灾家庭最需要的物资为衣服、鞋、肉类和被褥。江油市最需要的是被褥和粮食。平武县对衣服、鞋、被褥的需求也很突出。三台县最需要的是粮食和被褥。游仙区最需要的是粮食和肉类。涪城区最需要的是粮食和药品。盐亭县最需要的是衣服、鞋。梓潼县最需要的是粮食。

（四）房屋类型、产权和地区差异应纳入重建资金估算

各种类型住房所需资金平均值存在较大差异，从耗资最小的单元楼房的 11.27 万元到耗资最大的单栋/并排别墅的 21.02 万元。震前不同性质房屋的重建资金也存在显著差异，从所需资金最少的继承或获赠房的 9.33 万元到最多的商品房 21.02 万元不等。九个地区重建房屋费用平均为 11.54 万元。房屋重建费用最高的是安县，均值为 14.17 万元，最低的是梓潼县，为 8.85 万元。在房屋重建资金拨放时，首先应厘清不同地区受灾群众住房的类型和产权情况，有针对性地加以援建。

（五）提供"永久住房"和"就业机会"是政府首要工作

整体来看，灾区家庭认为政府应该优先做的工作中，第一重要的是提供永久住房，占提及率的 47.8%。第二重要的是提供就业机会，占 20.2%。

在不同地区，政府当务之急也是为灾民提供永久住房，尤其以江油市、梓潼县和平武县最为迫切。另外，北川县还急需提供临时住房。第二位重要的工作在不同地区有所不同：北川县、江油市、安县、游仙区重视就业机会；三台县、盐亭县、梓潼县和平武县则重视当地道路的维修；涪城区则看重学校条件的改善。第三重要的工作在不同地区也有所不同：北川县、安县、盐亭区和平武县是改善水、电、气、通信等基础设施；江油市和梓潼县是改善学校条件；三台县、游仙区、涪城区是改善医疗条件。

（六）重建选址应遵循"地理位置就近"和原有"人际关系就近"的原则

大部分受灾家庭表示，希望重建的永久住房建在原来的住址，占回答样本的 60.0%。如果要在新的地方建设永久性住房，则希望与原来的社区居民居住在一起，比例为 22.6%。因此，在灾后重建永久住房时，首先考虑在受灾家庭原来的住址上重建住所，其次对那些已经无法居住的原住址，如北川县等，可以考虑将原属一个地区的受灾家庭整体安置在新的地方。

具体到接受调查的九个地区，应将北川县受灾群众的永久性住房建在新的地方，并尽量让北川县原来的社区居民集中居住。平武县则可以考虑选择新的地址和原址上重建两种方案。其他七个地区的受灾群众大多数表示愿意在原来的住址上重新修建永久住房。

这与社会资本提出的社会网络的重要性理论相吻合（黄锐，2007；

赵延东，2007；董晓倩，2008；Nathan，2001；Sandra and John，1998；Marjorie，2000；Chewar，McCrickard and John，2005；董晓倩，2008；黄锐，2007；赵延东，2007a），巨灾冲击下，原有社会网络重建对于受灾群众的生活和心理重建都有巨大的作用（Yuko Nakagawa，2004；Autar，2000；Godoy，et al.，2007）。

（七）政府应根据受灾程度和受灾人数的差异，按照公平原则"部分承担"受灾家庭永久性住房的修建成本

在修建永久性住房的费用问题上，大部分家庭认为需要政府承担部分成本，并赞同政府按照"家庭人口多的多得""受损失大的多得"的方式进行补贴。因此，在修建永久住房时，政府可以考虑以提供部分房屋重建成本为主要资助手段，同时结合无息/低息贷款的帮助形式，对有特殊困难的家庭可以承担其全部房屋重建成本。同时，在任何时候公平是公众最关注的问题之一（Alexander and Ruderman，1987；Bies and Moag，1986），政府对受灾家庭进行补贴时，应根据受灾程度和受灾人数，按照公平原则进行分配。

（八）汶川地震对玉树地震的启示

本研究显示，在特大自然灾害发生后，首先要解决受灾群众的临时住所和吃饭的问题，从长远来看，永久性住房和生计发展是受灾群众最关心的问题。该研究不但为四川灾后恢复重建形成了大量宝贵的经验和政策建议，而且为 2010 年 4 月 14 日发生在青海玉树藏族自治州玉树县的 7.1 级地震的应急救援、转移安置和震后灾区的恢复重建提供了汶川地震应对的经验和教训，帮助玉树地震的应对和灾后重建少走弯路。通过北京师范大学社会发展与公共政策学院汶川地震灾后政策研究团队对汶川地震的扎根研究，向玉树地震灾后恢复重建提出的核心建议有以下几点。现摘录如下。

1. 立足全省，科学规划，适度超前

四川省在编制规划的过程中，并不是简单地"克隆"复制，而是在功能恢复的基础上，进行结构优化，立足在更高的起点、更高的水平上发展。目前来看，经过灾后重建，整个四川省的基础设施建设至少向

前跨越了 20 年。因此，玉树灾后重建规划应从全省发展出发，与中央藏区政策相结合，与第二轮西部十年开发政策相结合，与"十二五"规划整体框架相结合，科学制定灾后恢复重建规划。

与此同时，四川灾后重建提出的"三年重建任务两年基本完成"的目标尽管已经基本得到实现，但整体来看时间过于紧迫，造成项目招投标管理混乱、规划调整大、项目超规模、资金缺口大、干部压力过大等现象也普遍存在。因此，玉树灾后恢复重建在制定规划时，要避免出现上述问题，应适度超前，避免脱离科学规律的过度跨越。通过加强专家论证，保证规划的权威性。

2. 抓住灾后重建机遇，打造西宁综合立体交通物流网络

四川省灾后交通基础设施恢复重建是放在全省交通提速和纵深网络建设的思路下进行的，包括高速公路 12 个项目 1424 公里、国省干线及重要经济干线公路 88 个项目 4847.8 公里、客运站点项目共 383 个，农村公路 29028 公里，不但实现了骨干线路的提速增容，而且也消除了部分农村地区的交通障碍。

玉树应急救援阶段物流成为灾后恢复重建的主要环节，如果不是玉树机场未遭损毁，灾后紧急救援所需的物资将会因为道路不畅受到制约。西宁市成为西部地区重要物流中心的趋势非常明显，因此，应借鉴四川经验，在灾后交通恢复、重建物资集散配送中心建设的基础上，努力将西宁市建设成贯穿拉萨、库尔勒、南疆、成都和河西走廊等地，能够辐射各地的物流综合立体网络。

3. 多渠道筹资与归口管理并重，强化项目监管兼顾避免多头检查

拓宽灾后重建融资渠道的同时，应加强资金归口管理。汶川地震灾后重建的规划中期调查显示，灾后重建需要大量的资金，中央、地方财政等计划投入资金远远不足，应积极拓宽灾后恢复重建所需的融资渠道。地震后，社会各界向灾区捐赠大量资金，由于存在红十字会、政府财政等多条接收渠道，容易导致资金管理混乱、统计口径不一的问题。建议制定《救灾资金管理办法》，并以此加强资金监管，所有捐赠资金进入财政专户；捐赠资金要求公示，接受社会监督。

四川灾后恢复重建项目的招投标出现了串标和低价投标的现象，导致出现中标后变更设计、漏报细项等违规现象。建议完善招投标制度，

制定行业管理办法，实行多部门协作、社会参与的综合监督体系。灾后重建大量建设项目需要在建设质量、项目程序、施工工期、资金管理等方面进行监察监督，四川省调动了各级各类主管部门联合社会力量对基层工作和项目建设工作开展多头监察监督，保证了项目施工的质量，但是也出现了基层干部压力过大的现象。因此，玉树灾后重建工作应加强监察监督工作，但应避免多头检查，建议由监察部门一家牵头，协调多部门监管。

4. 确定旅游先导地位，突出藏区、高原、生态文化

立足全省，交通、环境等各个行业在规划时应统筹考虑旅游设施的综合建设，以藏区文化为主体，突出生态概念，系统建设玉树旅游带。

尤其是宗教活动场所应纳入灾后重建整体规划，与民生、公共基础设施的建设同期启动，依法建立健全宗教活动场所建设程序中的审批、财务检查等各项制度，严防敌对势力对宗教活动场所重建工作的破坏和渗透，突出党委、政府和军队的作用，杜绝分裂势力的干扰。

由于玉树地处三江源地区，加上高原气候和地貌的特殊性，自然环境的修复应采用自然修复与人工治理相结合的方式，妥善处理废墟和临时安置住所建筑材料。

5. 公平救助和公平重建，减少社会矛盾

汶川地震的经验表明灾区群众对各级政府和救助政策的满意度与群众对公平的感受直接相关。在制定受灾群众的农房、城镇住房重建补贴标准时，宜粗不宜细，淡化家庭贫困、民族、户籍等因素。应积极支持和加强基层村社委员会和党支部力量，在安置点迅速建立临时群众自治组织和党团组织。

应弱化群众之间的相互比较。汶川地震灾后重建的经验告诉我们，物资分发标准、农房与城镇住房重建补贴标准最容易受到群众质疑，群众总是通过家庭与家庭之间的比较、地区与地区之间的比较来确定自己是否受到了公正待遇。因此，在玉树灾后重建过程中，各类补贴标准等宜粗不宜细，淡化家庭贫困、民族、户籍等因素，从而尽可能地消除群众间可以用来相互比较的因素。同时，应提高基层干部在物资分发、住房补贴等方面工作的透明度，避免因仇官心理导致不公平感受的出现。

应淡化政府大包大揽的形象，充分鼓励群众开展生产自救。群众对

第一章　受灾群众视角：灾后快速需求评估

政府的期望越高，对政府的满意度也就越低，而且会造成群众依赖政府的惰性。汶川地震灾后重建的教训显示，在灾后恢复重建初期，政府提出了超出实际能力之外的承诺，使得大量的受灾群众"等、靠、要"心理非常严重，一旦期望未得到满足，对政府的抱怨情绪严重，甚至出现从"灾民"向"刁民"演化的现象。四川省政府后期深刻认识到这一点，倡导"有手有脚有条命，天大的困难能战胜""出自己的力、流自己的汗、自己的事情自己干"的自强精神，并广泛开展"感恩自强谋发展，立足岗位做贡献"的感恩主题活动和群众文化活动，从而激发了群众的积极性，并改善了干群矛盾。因此，玉树灾后重建应淡化政府大包大揽的形象，降低群众预期，从而消除干群矛盾，提高群众对政府工作和政策的满意度。通过充分鼓励群众开展生产自救，消除社会矛盾。

6. 基于多元实施主体，对受灾群众和干部进行心理抚慰

尊重信仰差别，有针对性地对灾区干部群众开展心理抚慰，正确引导和充分发挥当地宗教团体的力量，结合心理辅导等多种方式，开展多元实施主体的哀伤辅导。

同时，汶川经验说明基层干部是特殊的弱势群体，应注意他们的心理调整。汶川灾后重建阶段，由于泥石流二次灾害、亲人伤亡之痛、工作压力大，部分基层干部无法调整心态，丧失对生活的信心，出现抑郁症，甚至是自杀的现象。这些现象的出现具有相似的原因：其一，灾后重建的工作压力超载，导致不堪重负；其二，难以忍受丧亲之痛，心理极度抑郁，失去生活的动力。因此，玉树地震灾后恢复重建阶段，不但要关心受灾群众，而且要积极抚慰受灾的基层干部，减轻他们的工作负荷，通过科学有效的心理重建，避免汶川地震类似的悲剧重演。

7. 把握政策、优先教育、兼顾群众生计推动产业恢复

各级单位深入学习中央灾后重建政策，把握政策优势，用好用足政策；尊重灾后重建规律，制定一批符合青海本地的政策和操作办法。开展创新研究，以灾区群众实际困难为核心，形成政策报中央批准。

优先研究学校的重建，优先解决学校的重大问题，优先审批学校项目，优先考虑教育用地和建设物资。根据人口规模、适龄学生人数科学

43

布局，提升寄宿制学校建设规模和质量，撤并乡村学校。聘请有资质的专业机构进行鉴定，获得法律依据。将学校设施重建与教育职能分离，以代理制方式委托第三方实施项目建设，学校领导专注教学、学校管理活动。

综合考虑自然环境承载力和受灾群众就业因素，在城乡统筹一体化的框架下，着重解决群众生计发展的需要，发挥企业的市场主体作用，实现产业经济带动群众增收，从根本上解决失地农民生计发展问题。政府主动解决企业困难。对于个性的问题，以点对点的形式，开展个性化帮扶。

第二章 社区视角：灾后恢复 重建路径分析

如果说临时安置阶段的需求分析是一种基于灾民需求的快速群体评估，那么本章所探讨的灾后恢复重建路径分析，则是从社区角度探索的深度需求分析。

社区在灾害治理中具有重要地位，建设抵御灾害的社区对人类社会的发展至关重要（Geis，2000），因为社区既是灾害的承受主体，也是灾害应对和恢复的行动主体。因此，社区作为社会的基本单元，在灾害管理中发挥着不可替代的作用。

"社区"是一个外来的概念，滕尼斯（Tonnies，1887）在社会学领域提出的"共同体"一词经过德语（Gemeinschaft）到英语（Community）再到汉语的翻译过程，传到我国时被译成了"社区"一词，其内涵也从原本表示任何基于协作关系的有机组织形式（Tonnies，1887；姜振华、胡鸿保，2002），演变成了重视"区"或"地域"含义的地域主义观点，往往忽视了其中的社会性含义（孙立平，2001）。为此，在强调社区社会属性的基础上，学者试着给出通用的社区概念，认为社区是具有共同活动和（或）信念的一群人的集合，这些人主要通过感情、忠诚、共同价值和（或）个人兴趣联系在一起（Brint，2001）。

社区作为人类居住的场域，同时具有物理属性和社会属性，它既是人类生活赖以继续的物理性空间载体，也是人类秩序、规范、资源流动等社会活动的系统。因此，社区与灾害具有天生的联系，对影响社区活动因素的正确理解，是保证社区安全和灾害治理体系顺利运作的关键所在（Haines，Renner，and Reams，2008）。

在具体的行动上，早在 1994 年的第一次世界减灾大会上就明确提出了"社区减灾"，到 2005 年的日本兵库世界减灾大会上通过的《2005—2015 年兵库行动纲领：加强国家和社区的抗灾能力》再次强调了社区在灾害管理中的重要性。社区灾害管理也由过去只是关注社区基础设施等"硬件"的建设，转向兼顾社会系统"软件"在灾害管理中的作用。例如，国外普遍采用的"以社区为基础的灾害风险管理（Community—based Disaster Risk Management，CBDRM）"模式和汶川地震后我国推行的"以社区为基础的灾害风险管理"模式，都强调社区居民减灾意识与技能、减灾宣传与培训等社区"软件"的建设（周洪建、张卫星，2013）。

由此可见，从整个社区的角度来考虑灾后重建的路径，将更有助于为灾区群众提供一个长期稳定的生活和发展环境。本章我们将选择四川省德阳市汉旺镇作为研究对象，探讨如何从社区的角度来分析灾后重建的需求。

一 地震灾害中的汉旺镇

（一）汉旺镇基本情况

汉旺镇有一个四面钟的钟楼，汶川地震发生时的下午 2 点 28 分，在巨大的地震冲击下，钟楼上的四面钟全部停摆，时刻全部凝固在 2 点 28 分。这个位于四川绵竹汉旺镇东方汽轮机厂外的钟楼，成为汶川地震永远的标志。汉旺镇也因此也成为全国人民不可磨灭的记忆。

汉旺镇位于四川省中北部盆地边缘，地处绵竹市西北方向，距成都市区 93 公里，地域面积 79.58 平方公里，城镇建成区面积 3.9 平方公里，辖 11 个行政村，6 个社区，126 个村民小组，常住人口 5.8 万余人，其中常住非农业人口 3.2 万余人，流动人口 0.3 万人。2007 年度全镇总人口 6.5 万人，其中非农人口 3.5 万人。

震前镇区分布着全国三大汽轮生产企业之一的东方汽轮机厂、全国四大磷矿基地之一的清平磷矿、省内黄磷矿生产基地之一的汉旺黄磷有限责任公司等企业 17 家，村镇两级工业企业 145 家，是一个以机械加工、矿山采掘业等为主的工业经济强镇。2007 年全镇年度 GDP 为 37.8 亿元，财政收入近亿元，工业企业入库税金 18869 万元，农民人均纯收入 5020 元。东方汽轮机厂为龙头的机械加工产业是其支柱产业，约占 GDP 的 80% 以上。

（二）地震损失情况

汉旺镇地理位置特殊，西部靠山，东部处于平原，地形复杂，处于龙门山山前边界大断裂（即都江堰—汉旺—安县），属于逆冲断裂。地表破裂带从汉旺镇一直延伸到金花镇，长约 20 公里。汉旺镇距离"5·12"汶川大地震震中仅 30 公里，老镇区位于地震烈度最高区域，是汶川特大地震中损失最为严重的乡镇之一，属于极重灾区，并作为应急救援的四大重点攻关区域之一而广为人知。

在地震中，全镇农村居民 9928 户，房屋倒塌 7053 户，伤亡惨重。市政损毁情况：一座 110 千伏变电站严重损毁；原有水厂损毁；排水管损坏 68.7 公里；燃气管损坏 35.7 公里；桥梁受损严重，多为危桥；公路受损 18.5 公里。教育设施损毁情况：全镇 17 所学校全部损毁，总损毁建筑面积 75416 平方米；医疗机构损毁情况：14 所医疗机构基本损毁，总损毁建筑面积 13580 平方米。工业企业损失情况：2007 年，汉旺镇工业总产值 131 亿元，产品销售收入 129 亿元，利润 13 亿元。震后，全镇 145 家工业企业全部受损，倒塌和受损厂房 23.92 万平方米，机器受损 1059 台，全部损毁 536 台，直接经济损失 80 亿元。工业体系完全破坏，工业经济水平下降 80%。随着东方汽轮机厂的外迁，在镇内企业务工的城乡居民 9358 人失去主要生活来源。住房损毁情况：城镇 13360 户，98% 倒塌或严重损毁。建筑损毁情况：A 类建筑（基本完好）为 5 栋，总面积 1257 平方米；B 类建筑（轻微破坏）为 21 栋，总面积 11978 平方米；C 类建筑（中等破坏）为 27 栋，总面积 48219 平方米；D 类建筑（严重破坏）为 81 栋，总建筑面积 172149 平方米。

（四）重建情况

地震之后，汉旺镇在镇政府的领导下，展开了汉旺镇的重建工作。

在农房重建方面，全镇农房重建总户数为 8046 户。截至 2009 年 11 月 26 日，已累计开工 8046 户，开工率 100%，在建 258 户，完工 7788 户，入住 6302 户，完工率 96.79%。在城镇住房重建方面，全镇城镇住房损毁 11552 户，维修加固 635 户。目前全镇已报损毁住房补助 7595 户，维修加固补助申请 615 户。受理城镇安居房申购 3584 户，廉租房申请 385 户。在江苏省无锡市援建下，汉旺镇安居房已开工 9340 套（包括东汽厂），建筑面积 87.86 万平方米；廉租房 750 套已经全部开工，其中一期工程 297 套已基本竣工。全镇城镇居民住房灾后恢复重建开工率达到 93.9%，完工率达到 50.9%。

汉旺新城实行原地异址重建，规划面积 3.75 平方公里，由江苏省无锡市对口援建，目前新城已建成 0.7 平方公里，完成投资近 8 亿元。截至 2009 年 11 月，无锡援建的医院、学校、自来水厂以及首期道路 3.5 公里已竣工并投入使用。首期廉租房 297 套已竣工并投入使用。一、二期拆迁安置房 1582 套，二期道路 3.5 公里，二期廉租房 450 套，汉旺第二小学（幼儿园），综合服务中心，河道及景观整治，工业园区道路等已全面开工。园区管委会、无锡援建的三期道路 7.88 公里，四期道路 0.8 公里，工业大道 1.6 公里以及 3000 平方米安居房已于 7 月底全面动工。污水处理厂、垃圾中转站、标准化厂房、园区基础设施配套项目，已于 10 月中旬开工建设。同时，由温州商会捐建的汉旺中学已竣工并交付使用。税务、公安、司法、金融、邮政、通信等驻镇单位建设也将于 12 月初全面动工，计划 2010 年 4 月底前基本完成所有在建项目。二期安居房 600 套，建筑面积 35000 平方米，新城生活配套设施 10000 平方米，商业核心区小广场两座，220 千伏高压绿带走廊，新城区农贸市场 3000 平方米，15000 平方米标准化厂房以及新城区道路建设等第四批项目也计划于 2009 年 12 月中旬全面开工建设。

二　社区角度的研究路径

从上述规划内容和重建情况可以看出，政府在灾后重建中的关注重点大部分集中在基础设施、产业经济等"硬件"方面，但是从社区角度来考虑心灵家园重建的"软件"比重较少。我们知道，社区重建是一个综合的系统工程，有时候"软件"建设往往更为重要。英国的查尔斯等学者就提出，灾后经济恢复时，必须注重经济能力的恢复，而不仅仅是修复基础设施，并且要从整个社会功能系统来考虑灾后重建（刘世庆、许英明、蒋同明，2009）。而社区作为受损家庭最直接也是最基本的社会功能的承载环境，关系到灾后重建的综合质量，因此我们需要从社区的角度来思考灾后恢复重建的路径。

"社区资本"这个概念无疑为我们提供了一个探索社区恢复重建的路径。灾后重建不仅仅是一个复杂的经济活动过程，更是文化、社会、人力等方面恢复重建的综合过程。经济、文化、人力、社会等方面构成了一个社区赖以发展的"资本"。一般而言，一个社区的社区资本越雄厚，这个社区抵抗灾害的能力、从灾害中恢复的能力、未来社区发展的能力就越强大。

法国社会学家皮埃尔·布迪厄将马克思的资本理论扩展到社会学领域，并提出资本可以分为经济资本、社会资本和文化资本三种基本形态。经济资本即马克思提到的资本概念。文化资本指的是个人通过学习积累所获得的知识、教养、涵养、品位、资格等。文化资本与经济资本一样，可以成为人们所拥有的一种资本，帮助人们在社会关系中发挥功能。人力资本是相对物质资本而言的一种资本形式，主要是指个体所拥有的知识、技能、经验和健康等（江涛，2008）。经济资本主要关注的是社会经济地位和灾前的经济实力对灾后恢复的影响；人力资本主要强调教育和社会技能对灾后经济状况的改善作用；社会资本主要研究的是社会网络和社会参与对灾后重建的意义（刘波、王义汉、谢镇荣、尉建文，2014）。

灾害研究中讨论更多的是社会资本，因此，我们以社会资本为例来说明社区资本与灾害治理之间的关系。

现有研究成果中，大部分文献并没有对社区"社会资本"这个概念做一个专门的界定，而是选择把社会资本放到社区这样一个特定场域去研究，也就是说，社区社会资本是针对社区场域而言的社会资本（朱伟，2011）。

虽然社会资本最早源自何处还一直处在争议中（刘林，2013），但

Hanifan 被大部分学者认为是最早提出"社会资本"概念的学者（Saba-tini, 2007；Westlund and Bolton, 2003；Woolcock, 1998）。他认为社会资本是人们日常生活中一种重要的无形资产，也就是存在于个体和家庭这些社会单元中的亲情、友情、同情，以及社交礼仪（Hanifan, 1920）和能够获取资源、满足需求的社会关系（Hanifan, 1916）。

之后，经过 Bourdieu，Coleman 和 Putnam 等学者在社会资本领域引领性的研究（Bourdieu, 1986；R. Putnam, 1995, 2000；R. D. Putnam, Leonardi, and Nanetti, 1993），在过去 30 年的时间里，"社会资本"这个概念得到了不同专业领域的学者和实践者的广泛探讨和研究，包括但不限于人际互动、个体与集体、适应气候改变、社区生活、民主与治理、灾害管理、经济贸易、医疗卫生、自然资源管理、学校与教育、工作与组织等（Brunie, 2009；Woolcock, 1998），几乎涉及与人类活动有关的所有领域。

社会资本得到极大的关注，但社会资本又是一个极其复杂的概念，因为在不同情景下的社会资本表现出不同的内在机制，因此目前还没有一个跨领域、统一性的共识（Grootaert and Bastelaer, 2002），故而造成学者在各自的研究领域有着不同的理解甚至是混乱。比较典型的认识大致如下：Bourdieu（1986）强调社会资本的制度性，他认为社会资本是一种个人和团体通过制度化关系网络的占有而获取实际的或潜在的资源的在总和；Coleman（1988）强调社会资本的"公共产品属性"，他认为社会资本由组成社会结构的相关要素构成，通过人际关系链接，是个体拥有的以社会结构资源为特征的资本财产；Putnam 等人（1993）从社会规范角度指出，社会资本体现社会组织的特征，包括信任、规范和网络，通过协调行动以促进社会效率；Lin（2008）则强调社会资源在社会网络中的嵌入性，他认为社会资本是镶嵌在社会结构之中并可以通过有目的的行动来获得或流动的资源。

学者们对社会资本的层次划分也有所不同，例如 Brown（1997）将社会资本分为个体或家庭层面的微观（Micro）社会资本、社区和组织层面的中观（Meso）社会资本、地区和国家层面的宏观（Macro）社会资本三大类。而 Adler and Kwon（2002）将社会资本界定为"外部社会资本"和"内部社会资本"两大类，外部社会资本强调单一个体的外部社会关系，内部社会资本则强调团体组织的内部社会关系。Brunie（2009）则提出了关系途径（Relational approach）、集体途径（Collective approach）和广义途径（Generalized approach）三个社会资本的讨论视角。

不管学者们如何根据各自的研究兴趣来定义不同的社会资本的概念，他们都认可社会资本首先是一种具有社会属性特征的资本，是嵌入社会网络和社会结构中的资源。整个社会则是由个体和组织间的社会关系所构成的相互交错或平行的社会网络组成的一个大系统（阮丹青、周路，Blau，and Walder，1990）。

社会资本表现得越强的社区，越容易产生社区协作和公众参与行为（Jongeneel，Polman，and Slangen，2008），而这些社区集体行为是社区灾害治理的重要支持。因为，社会资本在微观层面指的是个人通过社会网络可以获取的嵌入性资源，在灾害研究中，这些资源支持与"社会支持"（Social Support）趋于一致（赵延东，2007）。由此可见，社会资本与灾害治理具有天然的联系。

自然灾害的应对一般分为紧急救援、转移安置、恢复重建三个主要阶段（陆奇斌、张强、张欢、周玲、张秀兰，2010），在灾害应对的不同阶段，社会资本与灾害治理有着不同的关系。

第一，紧急救援阶段。在紧急救援阶段，与人力资本、经济资本等其他形式的资本相比，社会资本受损最小，也是唯一可以得到快速复原甚至是增强的资本（Dynes，2002），因此它具有为社区灾害紧急救援提供基础性支持的作用。

当个体碰到仅凭一己之力无法解决的困境时，本能地会向他人求助。社会安全网或社会保护系统为个体提供了解决困境的制度化、正式的应对体系（徐月宾、刘凤芹、张秀兰，2007），但在一般情况下，人们主要还是从非正式的人际网络来获得支持（House，Umberson，and Landis，1988）。在灾害的紧急救援阶段，人们在逃离受灾地区时，通常是以群体的方式转移（Drabek，1986），而且85%的人会将投亲靠友作为转移目的地的首选，而不是去政府提供的临时安置点（Whyte，1980）。例如，1980年的意大利地震的紧急救援阶段，高达97%的被困者依靠社区其他人得以救出（Aguirre et al.，1995）。1995年的日本阪神大地震中，绝大部分幸存者是社区而不是政府救出来的（Shaw and Goda，2004）。2008年的汶川地震的紧急救援阶段，70%—80%的受困者也是通过自救互救得以脱离困境。可见社区固有的社会网络在自然灾害来临时是最有效的社会支持体系，社区社会资本在灾害应对中具有显而易见的重要作用。

第二，过渡安置阶段。在过渡安置阶段，灾害风险尚未排除，灾后重建方案也未出台，受灾群众处于一种临时性的过渡状态，这个阶段基层政府主要是要解决受灾人群的衣食住行、医疗卫生等方方面面的临时过渡性需求。政府机构、志愿组织、亲朋好友都将给予相应的支持，其中受灾群众自身的社会网络给予的支持最大。例如，一项对1985年墨西哥城地震的人口流动的研究结果显示，震后10%的人仍然会留在自己的家里，86%的人去了亲属家，5%的人去了朋友家（Dynes，Quarantelli，and Wenger，1988）。在汶川地震时，各级政府在过渡安置阶段也是鼓励受灾群众尽可能地投亲靠友，解决临时安置阶段的各类需求，在政府搭建的过渡性板房生活区，社区居民主动担当志愿者、自发形成的志愿组织也为基层政府的工作提供了极大的便利。

第三，灾后恢复重建阶段。人们一般认为灾后社区的恢复水平是由灾害冲击的大小以及政府灾后重建政策、资金投入情况和其他正式与非正式的援助等因素决定的（Bates，Fogleman，Parenton，Pittman，and Tracy，1963），因此在传统的做法中，都将基础设施建设作为灾后恢复重建阶段的首选目标（Joshi and Aoki，2013）。例如，在2008年的汶川地震时，无论是政府的资金还是企业捐款，乃至社会组织和个人的善款，都优先投向住房、道路、学校、医院等显著的物理性"地标"建设上。

但是，最近的研究表明，对社会资本的建设才是社区从灾害中得以恢复的关键（Aldrich，2012；Aldrich and Crook，2008；Nakagawa and Shaw，2004），社会资本更具有灾后恢复重建的"引擎"作用（Aldrich，2010）。例如，2005年的美国卡崔娜飓风过后，在同等重建投入水平下，具有相对更稠密的社会网络和极高的邻里信任的越南裔社区，表现出相对更快的灾后恢复速度（Chamlee—Wright，2010）。对1995年日本阪神大地震和 2001 年印度古吉拉特邦大地震灾后重建情况的比较研究也发现，那些社会资本越多的社区，越容易从灾后及时有效地恢复（Nakagawa and Shaw，2004）。

社会资本为什么会对灾后重建的效果产生影响？研究者围绕社会资本的作用，从不同的角度给出了进一步的解释：第一，社会资本所依托的社会网络影响灾后恢复秩序。社会资本是建立在社区内居民的个体社会网络基础上的，为个体从灾害中得以恢复提供了必不可少的非物质性条件，如信任、获取资源的关系、制度和规则等（Aldrich，2010）。第二，社会资本与社区凝聚力有关。社会资本越多的社区，其居民越倾向于留下参与社区的重建，而不是选择离开，因此社会网络黏度的强弱决定了社区的恢复水平（Aldrich，2012）。第三，社会资本是外来组织衔接的过滤网。社区内的社会网络将对来自社区外部的个体和组织如志愿者、NGO 等进行识别，被社区接受的组织将能更有效地参与社区的灾后重建工作（Kilby，2008）。第四，长期累积的社区社会资本，有利于社区动员，促进社区居民志愿行为发生，并减少了社区各类社会角色参与集体行动的障碍（Aldrich，2011）。第五，社会资本为灾后恢复重建提供精神支持，缓解灾后社区居民的心理压力，促进精神健康（Barton，1969）。

如何测量社区社会资本是研究者们一直在探索的领域，整体而言，社会资本的测量方法，目前尚未达成共识（张文宏，2011a，2011b），大体可以分为个体和集体两个层次的测量方法（尉建文、赵延东，2011；赵延东，2007b）。个体层面主要是从社会网络的角度，以网络规模、网络结构和网络资源等维度来代表社会资本，也主要是反映微观层面的社会资本（边燕杰、李煜，2000）。集体社会资本则更偏向于功能主义的视角，突出集体的社会资本属性，强调集体中的信任、参与、规范等（Onyx and Bullen，2002；桂勇、黄荣贵，2008；隋广军、盖翊中，2002）。桂勇和黄荣贵（2008）通过对国内外社会资本测量文献的系统梳理和中国社区的实证研究，总结了社区社会资本测量的 7 个主要维度：地方性社会网络、社区归属感、社区凝聚力、非地方性社交、志愿主义、互惠与一般性信任和社区信任。

综上所述，采用社区资本的概念有助于我们深入探讨如何从社区角度来思考灾后重建的路径。如果能够采用合适的研究方法，并且能够将社区恢复重建相关的社区资本建构成类似经济资本、社会资本、人力资本等维度，我们就能观察到社区恢复重建的内在动力机制。

三 研究方法

（一）分析方法

从社区角度探索汉旺镇可能的恢复重建路径，比较适合采用参与式评估的方法。其中参与式农村评估（Participatory Rural Appraisal，PRA）是在国际20世纪80年代广泛运用的农村快速评估（Rapid Rural Appraisal，RRA）调查法的基础上，结合其他调查研究法如农业生态系统分析、运用人类学、农耕系统研究等，经过多年的发展演变，于20世纪90年代发展起来并迅速推广运用的社会调查研究方法。

PRA是一种参与式的方法和途径，是在外来者的协助下，使当地人能运用他们的知识分析与他们生产、生活有关的环境和条件，制订今后的计划并采取相应的行动，最终使当地人得到发展，并从中受益。PRA提倡的广泛参与是保证所制定的长远发展规划能持续产生效益并且民众平等享受效益的基础，其重视的当地乡土知识和稳定持续的经济、政治及生态系统是改善经济和环境退化、建立生态社区的基础，同时其践行的村民自我管理途径和活动可实现真正持续的自我发展。

与PRA有关的工具、方法和技巧很多，如直接观察、村民会议、环境变迁大事记、半结构访谈、特殊群体讨论会（老年人，妇女等）、参与式制图、问题分析、目标策略分析、村民需求评估和性别分析等。在此次调研中，我们根据调研的时间要求、村民的构成特点和调研内容使用了半结构性访谈、专家意见咨询、座谈会、非介入观察和记录等方法，运用灾后重建大事记，社区服务/生计/应急管理问题排序与分类图，社区资源图等工具开展调查。调查对象包括汉旺镇社区居民、社区工作/服务人员、政府工作人员、其他社会组织/机构。

（二）研究内容

"可持续生计"是一个与社区资本同源的概念，两者都建立在资本概念的基础上。"可持续生计"一词最早出现在 20 世纪 80 年代末的一份世界环境与发展委员会的报告中，并在 20 世纪 90 年代的《哥本哈根宣言》中得到诠释，即"通过可供自由选择生产性就业和工作来使人们稳定可靠的生计"（陆五一、李祎雯、倪佳伟，2011）。随后可持续生计概念得到学术界的关注，相关学者给出了各自的定义。例如 Scoones 侧重于强调可持续，将可持续生计定义为由能力、有形和无形资产以及活动组成的某一个生计，如果在不过度消耗自然资源的同时，还能维持或改善其能力和资产，则这种生计就具有可持续性。Chambers 和 Conway 则将可持续生计定义为一种"建立在能力、资产和活动基础之上的一种谋生的方式"。可持续生计目前广泛运用于解决弱势群体或者贫困人群的可持续发展，并形成若干个分析框架，如联合国开发计划署（UNDP）的生计安全监测指标体系，美国非政府组织国际援助贫困组织（CARE）的农户生计安全框架，以及英国海外发展部（DFID）的可持续分析框架（苏芳、徐中民、尚海洋，2009）。其中英国海外发展部（DFID）的可持续分析框架得到最广泛的运用，整个分析框架由五部分组成，包括脆弱性背景、生计资本、结构和过程转变、生计战略和生计输出，其中生计资本包括物质资本、经济资本、自然资本、社会资本和人力资本五大生计资本（Solesbury，2003）。

我们可以借鉴 DFID 可持续分析框架中的生计资本的概念，以社区为单位，来分析灾后恢复重建的路径。汶川地震的灾后重建，受到从中央政府到地方各级政府的高度关注，从政策和财政资金上给予了大量的支持。同时，因为受到全国乃至全球人民的关注，所以汶川地震中恢复重建的社区所获得的生计资本的类型不仅仅是 DFID 中的五大类，至少还应包括政策资本，政策资本主要指的是政府给予的政策支持。对于汉旺镇灾后恢复重建路径的分析，就可以从六项资本着手，它们分别是政策资本、经济资本、自然资本、物质资本、人力资本和社会资本。

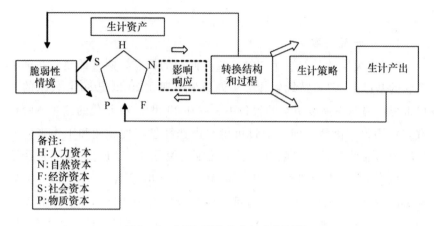

备注:
H:人力资本
N:自然资本
F:经济资本
S:社会资本
P:物质资本

图 2—1   DFID 可持续生计分析框架

（三）研究过程

　　具体的调研是在了解汉旺镇总体情况的基础上，根据各个村、城镇社区的产业特点、在地震中受灾的程度、灾后安置方式，并考虑到农村社区、实现农转非的新城镇社区和城镇社区三种不同的社区类型，选取具有代表意义的 3 个城镇社区（方大社区、集贤社区、汉新社区）和 5 个村庄社区（新开村、白溪口村、群力村、东普村、青龙村）作为调研点。调研团队是由北京三人、剑南社区四人以及成都两人共九人组成。调研团队从北京出发，在成都会合，做资料准备，并通过小组会议，明确此次调研的目的、主要工作内容。调研团队抵达汉旺镇后，对汉旺镇的乡政府官员进行关键知情人访谈。在实地踏查的基础上，经过小组讨论，设计乡镇基本情况访谈提纲，确定后面几天的具体工作计划。其后，对调查员进行参与式调研方法、调研内容、每天的工作日程等系统培训，并进行分组。根据后面几天工作的内容，把团队分成四个调研小组，每组 2—3 人，分别负责村干部访谈，不同性别、年龄、经济水平的村民访谈和具代表性的村民的深度访谈。紧接着，对 8 个村/社区进行实地调研。在调研过程中，通过与村干部和村民共同画社区资源图的形式，了解每个社区的基本情况；通过和村干部、村民绘制机构联系图，了解各村的应急管理现状及需求；并根据每个村的具体特点，在新开村、方大社区、集贤社区进行了贫困户、中等户、富裕户的三个村民小组访谈，了解不同经济水平村民的生计状况及对成立社区服务中心的想法及意愿；在群新村、群力村、东普村、汉新社区进行男、女村民小组访谈，了解村民的劳务收入渠道，并注意区分出在生计来源方面的性别差异。

具体调研过程如表2—1所示。

表2—1 调研过程

序列	地点	调研人员	当地人员	任务	方法与工具
1	前往汉旺	团队3人	—	团队对任务和行程进一步熟悉、协调和磋商	小组讨论
2	成都	团队3人	成都办公室	资料和物品准备	
3	汉旺镇	团队3人	乡政府官员	与乡镇政府洽谈，介绍来意及行程，了解乡镇基本情况，选取调研的5个社区	关键知情人访谈；实地踏查
4	汉旺镇	团队3人	—	交流感受、适当调整计划对当地的适应性、准备第二天培训相关内容、形成分工	小组讨论
5	汉旺镇	团队9人	其他意愿参与的人群	对调研团队成员的参与式培训和实地行程的安排，并形成分工	参与式培训
6	新开村	团队9人	村民	相互认识，介绍来意，构建和谐氛围	参与式介绍
		团队9人	村民	了解行政村基本情况	社区资源图
		团队9人	村民	村民贫富排序（救济户、贫困户、中等户、富裕户，标出有残疾人群的户），讨论分类原因，并确定下午分组访谈的小组名单	贫富排序
		团队4人	村干部组	了解村干部应急管理现状及需求	小组访谈、机构联系图
		团队5人	村民组	对村庄公共事物的探讨与提出想法，如村民日常互动活动，农业生产产供销的合作，村庄水路的集体管理	小组访谈
				对涉及的外界服务群体及其服务质量的评价和需求	机构联系图
				对成立社区服务中心的想法及意愿	小组访谈
				了解村庄目前面临的问题及挑战	小组访谈

序列	地点	调研人员	当地人员	任务	方法与工具
7	新开村	团队分成3组	不同类别焦点小组	震前震后季节历，年事活动分布图	季节历（家庭主要男女劳动力）
				农户家庭拥有的生计资源，包括耕地、养殖、其他副业、打工、社会网络	农户生计资源图
				自己目前面临的问题及可能解决的方案探讨	"头脑风暴"
		团队整体	全部村民	焦点小组问题方案交流讨论汇总	不同小组交流
		团队分成3组	不同问题讨论组	对挑选出的三个重点问题或方案的可行性及原因进行探讨	SWOT分析，产业链各个环节问题归纳分析
		团队整体	全部村民	展示交流并排序	打分排序
8	剑南镇	团队9人	—	团队讨论交流共享信息，对出现的问题进行总结，对不足之处进行调整，总结当日发现要点	小组讨论交流
9	群新村白溪口异地安置组			过程同上，但需关注农户土地资源、矿产资源以及相关的政策补贴资源等的可持续性以及对农户此类资产性、补偿性收入的影响，农户劳务收入渠道和在生计中的作用，与其他村民联系的频率和范围，村民的感觉与适应问题	
10	剑南镇	团队9人	—	团队讨论交流共享信息，对出现的问题进行总结，对不足之处进行调整，总结当日发现要点	小组讨论交流
11	青龙村	团队4人	村干部组	了解行政村基本情况及探讨发展的问题和挑战	社区资源图
	青龙村	团队5人	村民组	协会基本情况：组成、章程、活动、效果	类似于问题树的层层递进
12	群力村	团队4人	村干部组	了解行政村基本情况及探讨发展的问题和挑战	社区资源图
		团队5人	村民组	对村庄公共事务的探讨与提出想法，如村民日常互动活动，农业生产产供销的合作，村庄水路的集体管理	小组访谈
				对涉及的外界服务群体及其服务质量的评价和需求	机构联系图
				对成立社区服务中心的想法及意愿	小组访谈

续表

序列	地点	调研人员	当地人员	任务	方法与工具
13	剑南镇	团队9人	—	团队讨论交流共享信息，对出现的问题进行总结，对不足之处进行调整，总结当日发现要点	小组讨论交流
14	东普村	团队4人	村干部和以务农为主业的部分村民组	了解行政村基本情况及探讨发展的问题和挑战	社区资源图
		团队5人	村民组	对村庄公共事务的探讨与提出想法，如村民日常互动活动，农业生产产供销的合作，村庄水路的集体管理	小组访谈
				对涉及的外界服务群体及其服务质量的评价和需求	机构联系图
				对成立社区服务中心的想法及意愿	小组访谈
15	汉新社区	团队3人	村干部组	了解行政村基本情况及探讨发展的问题和挑战	社区资源图
		团队3人	村民组	了解人们生活收入支出情况	
		团队3人	村民组	了解社区服务现状及相关需求	小组访谈，也可用图展示交流
16	剑南镇	团队9人	—	团队讨论交流共享信息，对出现的问题进行总结，对不足之处进行调整，总结当日发现要点	小组讨论交流
17	方大社区	团队9人	村干部和村民8人组	了解行政村基本情况及探讨发展的问题和挑战	社区资源图
		团队9人	村民	村民贫富排序（救济户、贫困户、中等户、富裕户，标出有残疾人群的户），讨论分类原因，并确定下午分组访谈的小组名单	贫富排序
		团队4人	村干部组	了解村干部应急管理现状及需求	小组访谈、机构联系图
		团队5人	村民组	了解社区服务现状及相关需求	小组访谈，也可用图展示交流
18		团队分成3组	焦点村民组	了解人们工作经历及具备的能力，生计现状的问题及挑战，探讨解决办法	焦点小组访谈

序列	地点	调研人员	当地人员	任务	方法与工具
19	剑南镇	团队9人	—	团队讨论交流共享信息,对出现的问题进行总结,对不足之处进行调整,总结当日发现要点	小组讨论交流
20	集贤社区	团队9人	村干部和村民8人组	了解行政村基本情况及探讨发展的问题和挑战	社区资源图
		团队9人	村民	村民贫富排序(救济户、贫困户、中等户、富裕户,标出有残疾人群的户),讨论分类原因,并确定下午分组访谈的小组名单	贫富排序
		团队4人	村干部组	了解村干部应急管理现状及需求	小组访谈、机构联系图
		团队5人	村民组	了解社区服务现状及相关需求	小组访谈,也可用图展示交流
21		团队分成3组	焦点村民组	了解人们工作经历及具备的能力,生计现状的问题及挑战,探讨解决办法	焦点小组访谈
22	剑南镇	团队9人	—	团队讨论交流共享信息,对出现的问题进行总结,对不足之处进行调整,总结当日发现要点	小组讨论交流
23	天池乡	团队6人		农田土地的调整及发展趋势,人地分离的状况如何考虑,社会融合的问题,对于社区服务的需求等	
	汉旺镇	团队3人	乡镇政府官员及相关部门熟悉人群	对村民生计途径需求进行政策、制度、市场、环境层面可行性的探讨和信息的了解、补充完善	关键人物访谈
24	汉旺镇	团队9人	—	整理调研资料,准备向当地相关干部汇报调研结果	小组讨论分工合作
25	汉旺镇	团队9人	乡镇及村庄干部	汇报结果,对相关信息进行进一步的核对,也听取政府的意见,争取达成一致的行动;特别是社区服务与生计方面此次调研的发现和设想是否得到认可接受	讨论交流
27	汉旺镇到成都到北京	各个外来团队	—	离开当地,各自返回	小组讨论
26	汉旺镇	团队3人	相关机构部门人员	拜访/访谈	相关机构/部门生计与社区服务提示

四 汉旺镇恢复重建路径分析

下面将以社区为分析主体，对汉旺镇的政策资本、自然资本、人力资本、物质资本、社会资本、经济资本六类生计资本进行分析。在分析汉旺镇的生计资本之前，先介绍调研村庄（社区）的基本情况。

（一）调研村庄基本情况

此次调研选取了 5 个村和 3 个社区开展，选择的标准主要关注生计来源、区域特点、社区人口构成、职业特点、受损状况、异地安置、失地安置、产业状况等。

表 2—2　　　　　　　　　　调研村/社区基本特点一览

村（社区）	特点
新开村	沿山；农家乐旅游；多种农业收入（果树、食用菌、养殖、金银花、蔬菜）；村内企业；各类专业协会
白溪口村	异地安置；地质灾害失地；矿山务工机会丧失；矿山资源及矛盾；缺乏基础设施、公共空间；退耕还林
青龙村	受东汽影响较大；部分失地安置；沿山；计划发展种植；劳务输出
群力村	新城建设；部分失地；靠近城镇；缓冲地带
东普村	震损较小；农业种植、养殖业；传统农业
汉新社区	老城；退休人员较多
方大社区	老城区；破产企业；失业和低保
集贤社区	老城；东汽搬迁影响；震前服务产业受影响最大

1. 新开村

新开村是较大的沿山自然村，有 743 户，约 2190 人，其中 60 岁以上老人 367 人，12 岁以下儿童 186 人，属山地和平原结合的地形，是以农家乐沿山旅游、农林果业、种植和特种养殖业为主的多元化发展的经济强村。村内有原剑南春的联营酒厂严仙酒厂、新开养殖场、开心蔬菜厂、多家沿山农家乐及 11 个食用菌厂，主要开展食用菌种植、原鸡等野生动物养殖等，蔬菜厂采用公司加农户的方式，种植茄子、黄瓜、蒿菜、迟菜等日本品种蔬菜。因村内就业机会多，所以外出打工人员较少，村人均年收入达 6000 元。因地震全村共有 78 人遇难，6 人失踪，116 人受伤，全村所有产业都遭到毁坏，其中严仙酒厂震前年纳税近百万元，在地震中完全垮塌。村内蔬菜厂、养殖场也毁损严重。新开村原有蔬菜协会、食用菌协会、果树协会，震后新增魔芋合作社、金银花合作社、果林养殖合作社、两家食用菌合作社，但原有的 11 家食用菌厂仅 2 家恢复了生产，恢复食用菌种植需要大量资金。目前村民除尽量恢复原有产业外，在各建筑工地打零工是收入的重要来源。村人均年收入下降至 4000 元。村委会对村民发展生产支持力度很大，特别在贷款方面，只需要村委会担保，即可直接获得贷款。因新开村村民信用记录好，还贷能力强，还获得了信用社嘉奖。

2. 白溪口村

现在的白溪口村是于 2007 年与群新村合并成立的。原白溪口村有 180 户，507 人，3 个小组，村原有林地 14924 亩，退耕还林 1653 亩，因震损失 1226 亩。震前全村的主要经济来源为药材种植、林木种植和一些家庭养殖，除此之外，全村的青壮年劳动力大部分靠打零工补充收入，其中大部分在本地打工，特别是以在周围的矿山打工为主，另外还有七八十人在外打工，一二十人在外省。地震之后，原来的种植业、矿产采掘业遭到很大破坏，加之震后的白溪口村从山上整体搬迁到了凌法村实行异地重建，离原来的居住地较远，从而使村民们的经济来源受到很大影响。在多方的访谈中，发现目前白溪口村的突出矛盾还表现在新村重建缺乏规划。目前下水道、水电等基础设施建设还未动工，村民们意见较大；村政府与村民们的信息沟通不畅，特别是在位于白溪口村二组的水泥矿开采权转让上存在很大分歧，甚至发生过纠纷。

3. 青龙村

青龙村于 2008 年 1 月与香樟村合并。占地面积 2 万多亩，耕地面积约 480 亩，共 11 个小组，约 840 户，1757 人。地震前的青龙村是德阳示范村，2007 年人均收入 7000 多元，每户年收入有 1 万—2 万元，并且公路、有线电视、自来水等基础设施完善。地震后，青龙村的公共设施、村民住房几近全部损毁。目前全村有 684 户在距原来的村子 15

公里的新居住点安置重建。地震后，东汽企业的搬迁对青龙村居民就业造成很大影响。地震前全村平均每户有 1—2 人在东汽打工，东汽迁走后，除了少部分村民随厂去德阳工作外，大部分人都面临重新就业的问题。目前，全村有 1000 多人得到东汽帮助，在被东汽征地后购买了社会保险，另外有 400 多人无任何保险。在与村干部的访谈中了解到，青龙村正在拟建占地 1600 亩的粉葛基地、1200 亩的核桃基地、1000 亩的竹笋基地，其中核桃基地估计 2015 年后开始有明显经济效益。

4. 群力村

群力村有 7 个村组，2457 人；原有耕地 803 亩，村人均耕地 3 分田，户均耕地 1 亩。由于汉旺新城修建征用了 627 亩，目前全村余有 176 亩耕地。地震中，全村 80% 的房屋倒塌。在震后重建中，全村有 2 个队将整体搬进新城，2 个队大部分搬入新城，另外 3 个队进行集中自建。震前务工村民有七八百人，基本集中在汉旺镇附近。其中，有 300 多人在做小生意；七八十人在跑运输；约 260 人在东汽工作，其中以女性居多，主要做保洁等工作。震后多数人无收入来源，村里的男性劳力目前多忙于农房重建，全村 700 户中目前已经完成修建的三四百户。目前群力村面临的问题和风险是因以往手续不全而产生的征地纠纷问题和 100 余户村民无法贷款难以完成房屋修建的问题。

5. 东普村

2007 年 10 月，普东村和东临村合并为东普村，该村现有 12 个小组，1027 户，人口 2567 人，其中 50 岁以上 1000 多人，老龄化程度较高。全村土地面积 2680 亩，其中旱地 170 亩，耕地 2510 亩，人均耕地面积约 1 亩，种植的农作物有小麦、大麦、油菜、水稻等，多为自己食用。村民们的经济来源主要靠外出打工和发展养殖业。全村大部分劳动力都在本地打工，少量去了外省。由于地震影响，村民们的工资水平比震前涨了三倍左右，打工月收入有 1200—2500 元；除此之外，村民们的副业主要是养猪，平均一家养殖 4—5 头猪；东普村以前也发展过种植业，如魔芋种植、蔬菜种植，但效果不是很好。东普村的房屋重建基本是在村原有的耕地上集中修建的。目前，重建的有 900 多户，2016 年春节已完成 50%，截至 2017 年 9 月绝大部分重建房都已修好，是全镇房屋重建速度最快的，村公路也已修建完毕，公路通至每户门口。

6. 汉新社区

汉新社区目前共 767 户，1767 人，60 岁以上的占 16.8%。2005 年，汉新社区全部实现了农转非，从 2003 年开始，国土储备中心为大部分居民购买了养老保险，目前全区购买养老保险和领取低保的人数占总人口的 95% 左右。全区 90% 的房屋在地震中损毁，原址重建的有 80 户，在新点统建的有 110 户，进行房屋加固的有 260 户，430 户订购了安居房。社区内的大部分居民靠在周边打工为生，人均月收入 1200—1500 元。为解决居民的就业问题，政府曾组织了多次培训，由东方职业技术培训学校负责，开展了包括焊工、电工、管理技术、刺绣、喂猪等方面的培训共计 100 人次。社区也做过招工介绍，但由于居民的文化、技术素养等方面的限制，效果不太理想。在和社区工作人员的访谈中了解到，由于居民和社区干部在信息沟通上不通畅，干群关系紧张成为一个较突出的问题。

7. 方大社区

方大社区占地 345 亩，有 5 个居民小组，1275 户，总人口 2372 人。其中，50 岁以上的有 700 多人；社区退休人员约占 50%，有 900—1000 人。方大社区属于城镇社区，地震前社区内医院、活动中心等设施齐全，建立健全了包括养老、医疗、工伤等在内的各种保险制度。地震后，全区的房屋部分损毁，在重建中有 4 栋居民住房进行了加固，8 栋私人住房、4 栋企业住房被拆除，目前有 450 户居民订购了安居房，36 户完成住房加固。2002 年之前，全社区有 1200 多人在社区内的四川德阳方大化工股份有限公司上班，2001 年年底该企业宣布破产，被龙蟒集团收购后，一半以上的职工被迫下岗。因此，解决这些人员的就业问题成为该社区的突出问题。

8. 集贤社区

集贤社区有 12 个小组，2410 户，常住人口 3360 人，流动人口 2000 多人，60 岁以上 400 多人，18 岁以下约 800 人，残疾人约 70—80 人。地震中 90% 的房屋倒塌或损毁较严重，死亡 300 余人。目前在板房区安置的有 1100 多户，另外的 1000 多户投靠了亲友。以前在东汽工作的约有 200 人，占 5%，社区内大部分居民以个体经营、打零工为主，震前主要提供服务业服务，但他们的工作场所都在地震中损毁，东汽的搬迁也使社区失去了收入来源的基础。集贤社区在 2003 年成立诗书画协会和骑游协会，老年机关干部退休后成为协会领头人。社区中还有一个文娱队，主要是搞龙灯、腰鼓、跳舞活动。

（二）社区可持续生计分析

借鉴 DFID 的可持续分析框架中关于生计方法的一些内容，以当地居民的人力、自然、金融、社会、物质资本为分类方式，结合汉旺灾区现有的政策和规划、私人部门、外来社会机构、传统和制度等影响因素，对本次调研中的社区可持续生计部分进行梳理和理解。

1. 政策资本

紧急救援阶段结束后，从中央到德阳市各级政府都在致力于灾后重建，希望用最短的时间恢复灾区人民的生活秩序和生活水平。围绕震后的汉旺镇，出台了一系列灾后重建的规划，包括汉旺镇的灾后重建土地规划、村镇建设、农房维修加固等政策，同时兼顾产业工业园建设、旅游发展规划、地震遗址等与社区发展相关的政策，并在最短的时间里启动了灾后重建工作。

与汉旺镇灾后重建规划有关的政策包括：《中华人民共和国城乡规划法》《汶川地震灾后恢复重建条例》《国务院关于支持汶川地震灾后恢复重建政策措施的意见》《关于汶川地震灾区城镇灾后恢复重建规划编制工作的指导意见》《四川省人民政府关于支持汶川地震灾后恢复重建政策措施的意见》《镇规划标准》《绵竹市城市规划管理技术规定》《国家汶川地震灾后恢复重建总体规划》《绵竹市城市总体规划》《汉旺分区规划》《武都镇总体规划（2005—2020 年）》、《绵竹市汶川地震灾后恢复重建村镇体系规划（2008—2010 年）》（征求意见稿），以及《四川省"5·12"汶川地震损坏农房维修加固工作方案》，等等。大体上可以分为补助政策、房屋政策、全镇重建规划、镇域经济行政和文化中心建设、旅游发展规划、工业园区发展规划、农村社区重建规划等。

（1）补助政策

补助范围是因地震及次生灾害受损但不构成危房，经维修加固后能够安全居住的农民住房。补助对象为受损房农村居民，不包括城镇居民。因灾倒房或房屋严重损毁无法居住的应享受重建永久性住房政府补助，不能重复享受维修加固的补助政策。按照《四川省农村房屋地震破坏程度判别技术导则》，农房损坏划分为"轻微损坏""中等破坏""严重破坏"三个档次，每户补助标准分别确定为 1000—2000 元、2000—4000 元、4000—5000 元。具体对每一户的补助数，由镇乡按程序确定。

（2）房屋建设与维修加固政策

关于农房重建及维修加固有关问题的政策《四川省"5·12"汶川地震灾后农房重建工作方案》规定，对房屋倒塌或严重损坏无法居住纳入永久性建房政策范围的农户补助标准为一般农户，1—3 人家庭补助 16000 元，4—5 人家庭 19000 元，6 人及以上家庭 22000 元；困难农户，1—3 人家庭补助 20000 元，4—5 人家庭补助 23000 元，6 人及以上家庭补助 26000 元。

居民住房建设方面，建设的住房包括廉租房、安居房、拆迁安置房、公住房等。其中廉租房 750 套，面积 80 平方米以下，凡年满 40 周岁以上、半年以上的低保户可以申请城市廉租房，每月只需缴纳 300 元左右的房租；安居房 4200 套，首付 20%，1300 元/平方米。凡是无私有房屋产权的汉旺镇常住居民，可申请购买城市安居房，每户不超过 80 平方米。拆迁安置房 1580 套，用于安置新城和安置点土地被征用的农户。公住房，在以上三种房屋申请条件都不满足的情况下，政府修建了少量的公住房解决"三无居民"的住房问题。如企业的失业下岗人员、地震之前居住企业公房的汉旺镇居民。

（3）汉旺镇重建规划

汉旺镇重建总体规划方面，政策的指导思想、规划依据与原则指出，在汉旺镇的重建规划中，以"全面贯彻落实科学发展观，坚持以人为本、安全第一，尊重自然、生态优先，适度集中、集约发展，尊重民意和地方文化，坚持近远结合、统筹兼顾，协同推进城镇化和新农村建设。近期重建优先恢复灾区群众的基本生活条件和公共服务设施，尽快恢复生产条件，合理调整镇村、基础设施和产业的布局，逐步恢复生态环境"为指导思想，坚持尊重科学、突出重点，因地制宜、分类指导，城乡统筹、协调发展，传承文化、突出特色，立足当前、兼顾长远的原则，根据《中华人民共和国城乡规划法》《汶川地震灾后恢复重建条例》《国务院关于支持汶川地震灾后恢复重建政策措施的意见》《关于汶川地震灾区城镇灾后恢复重建规划编制工作的指导意见》《四川省人民政府关于支持汶川地震灾后恢复重建政策措施的意见》《镇规划标准》《绵竹市城市规划管理技术规定》《国家汶川地震灾后恢复重建总体规划》《绵竹市城市总体规划》《汉旺分区规划》《武都镇总体规划（2005—2020年）》、《绵竹市汶川地震灾后恢复重建村镇体系规划（2008—2010年）》（征求意见稿），通过多方调查、研究，对汉旺镇进行灾后重建。重建规划期限为近期（至2010年）和远期（至2020年。）

具体到镇域规划政策而言。第一，镇域经济的发展战略要求，镇域经济社会的总体发展战略是重建带动、旅游兴镇、生态立镇，以资源节约、环境友好为原则，采取中心迁移、异址重建，通过整合提升旅游产业。在重建过程中，以新的工业园区为核心，高起点、高标准地发展工业，恢复和发展原有的特色农业，挖掘培育农产品深加工。在整体上实行分期发展、有序过渡的方式进行规划重建。在重建过程中，不断推动镇域城镇化发展。至2010年，迁回新镇区固定居住人口2.3万人，城镇化水平达到41.8%，到2020年，城镇人口规模达到3.0万人，城镇化水平达到54.5%。第二，镇域空间管制——管制分区要求，在重建过程中，以自然地质灾害（泥石流、滑坡、崩塌）、地震断裂带、地形（高程、坡度）、防洪安全、生态安全等为考量标准，对镇域重建进行空间管制，把汉旺镇分为三个部分：禁建区、限建区和适建区。禁建区包括牛鼻、群新、白果、群力等村北部，该区禁止大规模城市建设和开发，以保育生态环境为主，占总面积的56.4%。限建区包括牛鼻、白溪口、白果、群力等村中部，在安全条件下允许适当布局零散村庄小型建设工程，并注意生态保护，占总面积的16.5%。适建区包括新镇区（凌法村、香山村）、东普村、武都村、大柏林村、新开村南部、白果村南部。占总面积的27.1%。第三，关于重建布点和基础设施重建，要求在重建区的布点上，按照"安全第一、尊重民意、统筹资源、统一规划、因地制宜、集中建设、少占耕地、集约用地、保护生态、保留特色"的原则，以地震断裂带为界，南密北疏。重建1个中心镇，作为全镇行政、文化、经济中心，承担全镇管理控制职能和公共服务职能；8个农村集中居住点（大柏林、新开、东普、柏果、八角、武都、牛鼻、白溪口），集中布置配套设施，作为政府引导各行政村中心集中布置的大型居民点；138个相对集中村庄以及其他分散农户。第四，在其他设施的重建中，实施义务教育振兴工程，高质量地恢复重建中小学校。镇区规划初中1所、小学2所、幼儿园2所，兼顾邻近农村学生入学。另在武都区域设小学1所、幼儿园1所，为南部农村学生入学提供集中服务。除此之外，按照绵竹市农村配套设施标准对规划保留的农村居民点进行配套，包括村委及配建党支部和团部活动室、治安室、文化站、老年活动室、小型综合市场、小型商店、卫生站、室内外健身场所、公厕，等等。第五，镇区总体规划方面，指出汉旺镇区是"5·12"汶川地震重要的遗址纪念地，川西重要的旅游节点镇，绵竹市区北部门户、旅游集散中心和商贸物资集散中心。重建的总体规划目标是把汉旺城区建成以发展旅游产业为主的综合镇和依山傍水的生态镇。镇区重建有三个重心：一是要把汉旺镇建设成为镇域经济、行政和文化中心；二是修建地震遗址纪念地、发展旅游业，把汉旺镇建设成为集地震纪念、生态休闲旅游服务为一体的旅游服务基地；三是发展高技术产业、建设优势配套产业基地、农副产品深加工基地和其他优势配套产业基地，充分解决劳动力就业。第六，选址的确定。依据《绵竹市汶川地震灾后恢复重建村镇体系规划（2008—2010年）》关于镇区选址的意见和绵竹市国土资源局关于汉旺镇区选址地质灾害危险性评估《汶川"5·12"地震灾区绵竹市恢复重建永久安置点建设用地地质灾害危险性评估意见表（2008.7）》，经绵竹市国土资源局地质灾害危险性评估，汉旺镇确定采用原地异址重建方式，在老镇区东南侧，绵远河下游，位于现状兴邦路以南、绵远河以西的香山村、群力村和凌法村区域内建设新镇区，面积约3.89平方公里。并对原老镇区南部实施重建。

（4）镇区的镇域经济、行政和文化中心建设政策

在镇区空间结构上：总体布局形成"两街、两中心、七小区和一个工业集中区"的结构。两街分别为汉旺大街与汉凌路，汉旺大街为城镇旅游休闲街，汉凌路为连接城镇生活生产区域的主街。两中心为城镇公共中心和旅游服务中心，城镇公共中心位于两街交会处，旅游服务中心位于重建区入口。七小区分别为清溪小区、梁溪小区、雨溪小区、香山小区、观山小区、望江小区和汉兴小区。一个工业集中区为镇区南部的工业区。具体而言，"两街、两中心、七小区和一个工业集中区"

的规划内容如下。

两街：汉凌路与汉旺大街两侧是汉旺镇的商业金融区域，以这两条街为线，形成一横一纵两条商业带。规划商业金融用地 26.05 公顷，占建设用地比例为 7.60%。各个居住小区依托社区中心和主要街道形成点式或沿街商业，服务各个居住小区。

两中心：城镇公共中心分为镇区公共活动中心和旅游服务中心。镇区公共活动中心按两级布置，分为城镇中心和社区中心，形成相对完善的公共服务体系。镇区中心以官堰为核心，位于观山街、望江街、汉霞路和汉凌路围合的区域范围内，镇区主要的公共服务设施集中于此，包括服务全镇的商业中心、文化娱乐设施、休闲娱乐设施以及医疗康复设施等。社区中心分布在望江小区、观山小区、梁溪小区和汉兴小区，满足居民就近购物生活需求，其他居住小区就近利用镇级公共服务设施。旅游服务中心布置在重建区入口，是未来汉旺新镇休闲度假旅游的接待中心。

七小区：七片居住小区以河流和主要道路分隔形成，总面积 98.78 公顷，占总建设用地的 28.80%。可容纳居住人口约 3 万人。梁溪小区以保障性住房为主，主要由无锡对口援建。其他居住小区作为限价商品房和普通商品房开发。

工业集中区：全镇的生产中心在新镇区南侧下游方向，官堰、园兴路、汉香路和德阿公路围合的区域，面积约 0.6 平方公里。生产中心以机械加工、服装、轻工纺织和农副产品加工为主，满足本地熟练劳动力的就业和本地经济快速复苏的需求。

镇区内的其他公共设施规划包括：建设一所总面积 1.91 公顷，拥有 100 张床位的综合医院和集敬老院、康复院、福利院于一体的康复中心，为全镇域提供服务；在官堰中间，与城镇文化娱乐中心和谐广场相邻修建一座集休闲、防灾等功能于一体的综合防灾公园；结合牌楼广场与和谐广场建设镇级文化娱乐设施，包括影剧院及其他文化娱乐设施；在观山路北、汉凌路西建设镇文体中心，包括文化活动中心、体育中心等设施。

在工程设施建设方面，规划用地总计 4.59 公顷，占总建设用地的 1.34%。镇区内规划保留现有的 110 千伏香山变电所，用地面积 1.1 公顷。规划新建自来水厂，位于汉凌路和德阿路交叉口西侧，设计规模

1.6 万立方米/天，占地面积 1.17 公顷。规划污水处理厂位于镇区南侧绵远河边，设计规模 0.8 万立方米/天，用地面积 2.2 公顷。规划邮政支局位于德阿路西侧结合新建火车站布置，用地面积 0.55 公顷。规划电信支局以及广播电视站位于汉凌路与观山街交叉口，用地面积 1.4 公顷。规划垃圾转运站一座，用地面积 0.65 公顷。

在综合防灾规划建设方面，防洪规划对绵远河大堤进行加固，按 50 年一遇洪水位设防，整修大堤维修通道；镇区规划建一级普通消防站一座；新镇区抗震设防烈度为 8 度，重要建筑及生命线工程提高一度；并规划建设多个防灾疏散场地（公园、广场、中小学场地）和疏散通道（对外联络通道、主次干路）。

（5）旅游发展规划

旅游业一直是汉旺镇的特色产业。镇内有清代时期修建的古建筑三座：紫岩书院、吉祥寺、严仙观。其中，紫岩书院是市级文物保护单位，另外两座是县级文物保护单位。地震之后，除进行紫岩书院、吉祥寺、严仙观等文物保护单位的修复和保护工作外，汉旺镇的旅游业发展依托汉旺地震遗址纪念地，抓住棉茂公路（新德阿公路）建设带来的旅游发展机遇，统筹山上和山下景观资源，整合沿山宗教和农家乐旅游资源，建设融山区生态休闲、地震遗址旅游、坪坝生态休闲、新镇度假休闲旅游于一体的旅游区，成为龙门山旅游区的服务基地之一。

汉旺镇的旅游发展规划为山区自然生态旅游区、地震遗址旅游区、坪坝生态休闲旅游区、新镇度假休闲旅游区四大旅游特色区和沿山旅游带。自然生态旅游区依托山区特有的自然人文景观资源，特别是云悟寺为中心的紫岩片区，具有生物和文化多样性，将大力发展以登山、健身、宗教、度假为特色的生态休闲旅游。地震遗址旅游区是重点依托东汽汉旺厂区国家地震博物馆、汉旺"5·12"钟楼和老镇区地震遗址公园等，在全面、完整保护各类地震及灾害遗迹，以保护为主的前提下，选择性地开展遗址展示活动，满足人们参观纪念的需求。坪坝生态休闲旅游区则以大柏林生态休闲园和沿山旅游带为核心，大力发展农家乐和农业度假观光旅游，建设融农家体验、生态休闲等于一体的生态休闲区。新镇度假休闲旅游区是沿着官堰、宋堰、听雨溪等生态通道，整合新镇区望江楼、听雨轩、和谐广场等景点资源，发展生态风情小镇度假休闲游。

（6）工业园区发展规划

汉旺镇在抓好无锡援建招商优势的同时，也积极开展与四川地区企业的合作。由四川林森木业有限公司投资1.2亿元，年产10万立方米中纤板项目也在镇工业园区落户。

就新城及工业园区建设而言，汉旺老城区将建成包括地震博物馆、工业博物馆、生态修复展览馆和灾害普及教育中心、科研中心等多个项目的绵竹汉旺地震工业遗址公园。新城规划3平方公里，工业园区规划1平方公里，在老城区下游2公里处修建。新城规划入住居民3.5万人，估计最终将有5万—6万人入住。新增加的人口包括以后工业园区的就业人员。

（7）农村社区重建规划

在汉旺镇的等级结构规划中，第一级为1个汉旺中心镇区；第二级包括4个中心村，分别为武都、大柏林、新开、东普四村，规划人口分别为4500人、2036人、1585人、2397人；第三级包括4个基层村，分别为白溪口村、牛鼻村、青龙村、白果村，规划人口分别为2368人、1966人、460人、2326人。8个农村社区根据各自的生态环境特点，又可分为城郊型村庄、旅游型村庄和种植型村庄。其中，武都村位于镇域南部片区中心，属于城郊型村庄；大柏林、白果、新开村属于旅游特色村；东普、白溪口、牛鼻、青龙为种植型村庄。

2. 自然资本

汉旺镇位于四川省中北部盆地边缘，距成都市区93公里，总面积78.9平方公里，耕地2.2万亩，林地8.8万亩。汉旺目前下辖11个村耕地面积如表2—3所示。

表2—3　　　　　　　　　　　各村耕地面积一览

	现有耕地面积（单位：公顷）
牛鼻村	196.67
群力村	85.27
青龙村	56.41

续表

	现有耕地面积（单位：公顷）
大柏林村	193.18
凌法村	191.97
香山村	138.98
白溪口村	0.18
汉新村	18.94
东普村	185.7
武都村	121.53
白果村	113.81
新开村	175.13
武都林场	0.51
全镇合计	2187.94

从不同的村和社区来看，自然资本略有差异。相关信息可参见本章第四节第一部分的"调研村庄基本情况"。

3. 人力资本

人力资本包括劳动力数量和劳动力所拥有的知识和信息来源。汉旺镇辖区内总人口6.5万人，其中非农业人口3.5万人，农业人口2.7万人，流动人口0.3万人。下辖4个社区、11个行政村、126个村民小组。

根据我们这次调研，汉旺镇家庭人口结构主要有父母—夫妻—子女（2—2—1）的五口之家，夫妻—子女（2—1）的三口之家，父母—夫妻（2—2）的四口之家，以及老年夫妇组成的2口之家，另外还有少量的组合家庭。之所以认为处于不同家庭人口结构的居民对生计服务的需求不同，主要是因为家庭人口结构可以反映家庭目前的经济收入能力及主要支出需求。我们在调研中发现，父母—夫妻—子女的五口家庭与老年夫妇组成的2口之家生计压力最大，对于父母—夫妻—子女结构的家庭来说，他们希望家里的主要劳动力能找到一份收入稳定的工作，老人协助带小孩，妇女也能外出打零工贴补家用，因此信息发布、技能培训以及工作地点最好离家比较近就成了他们的生计服务需求；夫妻—子女结构的三口之家及父母—子女结构的四口之家对生计服务方面的需求主要是信息发布并提供适当的技能培训；对老年夫妇组成的2口之家来说，他们在生计服务方面的需求较弱，更多的是在目前的经济条件下如何健康地度过晚年。

从我们的调研情况来看，汉旺镇居民获取经济收入的主体是男性，也就是说男性是家里的经济支柱。在生计服务的需求方面，中年男性尤其是年龄在40—55岁的中年男性，对生计服务的需求最为迫切，这部分群体迫切需要的生计服务包括信息发布、技能培训；提供工作强度不大、技术要求不大高的工作岗位，最好就近就业。而对于年龄在18—40岁的居民而言，他们对本地生计服务的需求主要集中在提供技能培训、信息发布方面。

文化程度、技能水平是居民文化资本的重要表现，在劳动力市场上，拥有文化资本较多的劳动力获取工作的可能性更大些。我们在调研中发现，文化程度在初中及以下、缺乏相应技术的居民，在寻找工作过程中受到了一定的排斥。他们对生计服务的需求主要包括畅通信息通道、提供培训；希望援建企业降低招工标准，放宽对年龄、文化程度、技能水平的限制。

表2—4　　　　　　　　汉旺镇下辖村/社区人力资源一览

单位	人口总数	人口结构	男女比例	文化程度
新开村	2382	12岁以下186人，60岁以上367人	29:21	
白溪口村	507		≈1:1	小学—初中
青龙村	1757		≈1:1	
群力村	2457	16岁以下330人，60岁以上330人	11:13	
东普村	2567		≈1:1	初中—高中
汉新社区	1767	60岁以上有300多人，占16.8%	2:3	初中—高中
方大社区	2372	18—35岁438人；35—60岁1163人；50岁以上700人	1210:917	初中—高中
集贤社区	3360	18岁以下约800人，60岁以上约400人，多数为40岁、50岁	18:17	初中—高中

从不同的村/社区来看，各村/社区的人力资本存在一定的差异。

新开村全村共有 16 个社，743 户，2382 名村民。12 岁以下儿童 186 人，60 岁以上老人 367 人，49 岁以下育龄妇女 492 人。全村从事传统农业种植、无公害蔬菜种植、酿酒、食用菌和特种养殖及加工 600 余人，从事餐饮业和旅游业的人员 200 余人，外出打工 180 余人，各类技术人员 120 余人。

集贤社区有 3360 人，2410 户，流动人口 2000 多人，主要从事小生意。男性约有 1800 人，女性约有 1700 人，60 岁以上有 400 多人，18 岁以下约 800 人，残疾人 70—80 人。

青龙村全村 1757 人，约 840 户，11 小组。

方大社区总人口 2372 人，1275 户，有 5 个居民小组。小于 18 岁的 369 人，18—35 岁的 438 人，35—60 的 1163 人，50 岁以上的有 700 多人；党员 169 人；少数民族 3 户。人口呈下降趋势。社区退休人员占 50%，有 900—1000 人。教育方面，震前建有幼儿园；全社区基本无文盲。

原白溪口村约有 507 人，180 户，3 个小组，2007 年与群新村合并。

2007 年 10 月，普东村和东临村合并为东普村。该村有 2567 人，1027 户，分为 12 个村组。全村 50 岁以上的人口有 1000 多人，三口之家较多。小于 12 岁的有 200 多人，小于 40 岁的占全村人口的 20%—30%。村委会有 6 位村干部，包括书记、主任、文书、会计、出纳、妇女主任。

群力村有 2457 人，7 个小组，男女比例约为 11∶13。

4. 物质资本

从此次汉旺受灾的情况来看，处于不同地域、地理结构的建筑物受损程度是不同的，汉旺老城区的建筑物受到了极其严重的损害，缓冲地带的建筑物，部分修缮后仍可再利用。总体来看，沿山地区的建筑物及土地受到的损坏程度要高于坪坝地区，其中原白溪口村、原青龙村受到的损害尤为严重，导致部分大队的整体异地迁移和村的合并。在这样的情况下，居民对生计服务的需求也有差异。原来在汉旺老城区的居民多为城镇居民，他们对生计服务的要求是能够信息公开、提供培训，并希望援建企业降低招工标准，放宽对年龄、文化程度、技能水平的限制。而沿山地区以农业收入为主要收入来源的居民则希望政府能够明确政策、提供土地损坏补贴；而且对于异地迁移重建的居民，也能够适当分配一定的土地耕种和饲养牲畜，减轻他们的生存压力。

在"5·12"大地震中，汉旺镇距震中30公里，老镇区位于地震烈度最高区域，属于极重灾区。地震使汉旺镇的基础设施受到毁灭性打击，原有城镇社区部分已经遗弃，农村社区还处于房屋重建的阶段。2010年"5·12"纪念日之前，居民整体搬迁入住江苏省无锡市援建的新汉旺镇。

武都板房区主要分为汉旺、清平和天池三个板房区。汉旺板房是在2008年8月之后陆续建成，截至调研结束时，武都板房区汉旺安置点有板房7746间，在册5000户，实际4995户，13040人。已有60余户迁出。另外，清平安置点已返迁，板房拆除。安置点安置了4个社区、8个村的受灾群众。城区4个社区均已安置。11个建制村中，香山、凌法、东普因无地质灾害，无须安置；武都村属于安置点占地安置；群新村安置500余人；香樟村和青龙村合并后安置700余人；大柏林、新开、百果村各安置200余人。截至本调研结束时，板房区基础设施不完善，如板房区道路损坏严重，居民健身器材、街道路灯等缺乏，在一定程度上影响了板房居民的正常生活、工作。预计在2010年5月12日之前全部拆除板房，但根据现实情况，到2010年5月只能拆除近50%，有七八千人可以搬回汉旺新城。农房重建方面，农房重建总户数为8046户，在建258户，完工7788户，入住6302户，完工率96.79%。从城镇住房重建方面来看，城镇住房损毁11552户，维修加固635户。全镇已申报损毁住房补助7595户，维修加固补助申请615户。受理城镇安居房申购3584户，廉租房申请385户。安居房已开工9340套，建筑面积87.86万平方米，廉租房750套已经全部开工，一期工程297套已基本竣工。全镇城镇居民住房灾后恢复重建开工率达到93.9%，完工率达到50.9%。居民住房建设方面，目前建设的住房包括廉租房750套，面积80平方米以下，凡年满40周岁以上、半年以上的低保户可以申请城市廉租房，每月缴纳300元左右的房租；安居房4200套，每户安居房不超过80平方米，价格为1300元/平方米，首付20%。凡是无私有房屋产权的汉旺镇常住居民，可申请购买城市安居房；拆迁安置房1580 套，用于安置新城和安置点土地被征用的农户；在以上三种房屋申请条件都不适合的情况下，政府预计修建少量的公住房解决"三无居民"的住房问题。如企业的失业下岗人员、地震之前居住企业公房的汉旺镇居民。

具体到各村和社区而言，物质资本存在一定的差别。

截至本调研结束时，新开村在"5·12"大地震中，倒塌房屋12242 间，受损房屋541 间，占全村原有房屋的98%，剩余的房屋已成为危房。

震前青龙村是汉旺镇收入水平数一数二的村，公路、有线电视、自来水等基础设施完善，是德阳示范村。震前因新农村建设、农田基本建设等项目，村民大部分都把存款用于新房建设，然而新房在地震中毁于一旦。据统计，青龙村将有684 户迁居新居住点，目前水电、下水道等公共设施还未到位，新建居住点距原来的村子15 公里。

方大村的房屋主要有土木结构、砖混结构和框架结构。私人住房有12 栋，其中4 栋加固，8 栋拆除。企业住房有4 栋被拆除。居委会垮塌。目前订购安居房的有450 户，36 户完成加固。还有50—60 户犹豫不决。

白溪口村整体搬迁到凌法村异地重建。多数村民拟建占地面积70—80 平方米的房屋，估计花费5 万—6 万元，基本都向银行贷款了2 万元，但有几类人不符合贷款条件：第一类，年龄在50 岁以上的；第二类，原来有贷款未还的；第三类，未婚的。因此白溪口村有很多户无法取得贷款。因为土地有限，而且缺乏科学规划，在房屋结构样式上，村民们只能按照各自想法沿路修建，预留的6 米宽道路除去房檐将只有4 米多，各家各户也完全没有可以搞绿化的地方，估计将来会冬冷夏热。预计2009 年"5·12"前能搬进新房，目前下水道、水电等基础设施未具备。

东普村因地震损毁房屋目前重建的有900 多户。2008 年春节完成50%，9 月90%已经修好，现在只有几户没有修好，是全镇房屋重建速度最快的。户均贷款2 万元，贷款限制条件与白溪口村相同。

群力村房屋倒塌了约80%，将有2 个队整体搬进新城，2 个队大部分搬入新城，另外3 个队集中自建。村委会面临的困难是因以往手续不全而产生的征地纠纷问题和100 余户村民无法贷款难以完成房屋修建的问题。

5. 社会资本

社会交往情况反映的是居民的网络结构状况，已有社会资源的状况反映的是居民的社会资本拥有情况。通过调研，我们发现社会交往活动多、亲戚朋友多、家庭社会网络结构多样化的居民，震后的生产生活恢复速度远远快于社会交往单一、社会网络结构封闭的居民，他们获得的信息来源渠道、借贷支持、就业机会等都优于缺乏社会资本的家庭。前者对于外来机构能否提供生计服务的关注度要弱于后者。后者希望能有相关组织公布就业信息，提供技能培训等。

从已有社会资源状况来看，虽然地震给灾民带来重大的经济损失，但是已拥有的社会资源情况的差异也对居民的生计需求产生了一定的影响。社会资源相对比较丰富的居民对生计方面的要求主要是希望在政府层面能够给予一定的政策扶持，生计方面的需求多是宏观方面的，而社区资源拥有较少的居民，生计方面的需求比较多样化，也更具体些。

社会机构也可以通过多样形式的社会资本拓展设计，发展社会支持网络，帮助缺乏社会资本的家庭获得更多的社会支持。

本土社会组织和网络已经具备一定的基础，如已有食用菌种植协会、"梦想起飞"残疾人互助小组、老年骑游队、老年书法协会、龙灯队、腰鼓队等在社区开展互动。

板房区的社会服务机构数量也较多，总共有约10家社会机构在汉旺镇板房区进行援助服务，如表2—5所示。

表2—5　　　　　　　　　板房区社会服务机构简况

社会机构	工作内容
香港理工大学社工站	2009年2月开始在汉旺小学板房校区开展工作，主要工作包括伤残学生和特殊家庭个案辅导；伤残学生物理治疗；社工小组工作，学校和社区活动
青红社工站	由中国红十字基金会资助，具体工作由中国青年政治学院负责。社工站设立在武都板房区，与绵竹市东方职业技术学校合作开展工作，从2008年开始运作。主要工作包括家庭生计互助小组——针对残疾人成立生计互助小组，10人小组，提供生计启动资金，实现多渠道的生计实现模式；家庭生计培训，与东方职业技术学校合作；个人康复和家庭辅导，包括心理疏导和遇难学生家长辅导。该社工站未来3—5年将在汉旺开展工作，二期项目重点还是在生计支持方面，在一期的基础上扩大规模。今后将主要在新城区工作，并计划注册成立社工站

社会机构	工作内容
东方职业技术培训学校	该校为当地的私立学校，主管部门为绵竹市劳动就业局，共有全/兼职教师30余名。震前的主要工作是开展农民工职业技能培训。地震后，在政府的要求下，开始在帐篷安置区设立临时培训点，为灾民提供职业技能培训，后转入武都板房区开展工作。2010—2011年与国际红十字会合作，在绵竹开展职业技术培训工作，通过前期的调研，确定了36项培训内容，包括面点师、厨师、焊工、电工，等等。该学校与青红社工站、备灾中心、梦想起飞等机构合作，通过提供场地、培训力量及设备等方式，共同开展工作
备灾中心—心空间	2008年5月开始在汉旺开展工作。随着清平乡的回迁，该工作站的工作已暂停，目前有两名专职人员。计划在汉旺开展2—3年工作。该工作站主要开展三个方面的工作：养殖生计工作，为农户提供资金购买种猪、牛、鸡等，已资助了几十户；社区文化重建工作，设立社区活动中心，提供儿童活动室、棋牌娱乐、舞会、电影等活动；创业培训工作，以培训—筛选—资助的方式鼓励居民创业，培训的内容为商业基础、供求关系、市场调研、SWOT分析以及激发创业热情。目前已进行3期，每期约20人
家园社区	目前有15名工作人员，前身为香柏社区，地震之后即进入汉旺镇开展帐篷学校工作，后迁入板房开展社区工作。早期工作重点在教育、医疗救助和物资供应，目前的工作主要在三个方面：一是青少年儿童工作，通过培训及小组工作，舒缓地震压力；进行儿童功课辅导，提供儿童活动室；与汉旺、清平学校合作开展学校活动；开展伤残儿童、孤儿、单亲儿童的辅导和家庭沟通；节假日的大型学校和社区活动。二是家庭援助中心，开展社工个案工作，进行家庭探访；提供居家照顾服务，在约20户家庭中开展；城市—灾区家庭一对一帮扶活动。三是开展职业技能培训，包括计算机、缝纫、美发、厨师、电脑培训
慈济基金会	以社区公共卫生环保为切入点，发动社区居民收集白色垃圾等到服务中心，在环保处做处理，让志愿者做力所能及的事情。生活物资提供，主要提供给老年人。援建学校。义工分享和讨论、读书会、文娱康乐活动等。针对青少年群体进行孝道、敬师、爱护环境等方面文化的教育。提供不定期的义诊服务，会有来自台湾地区的医疗义工团队为居民提供专业医疗服务。组织志愿服务，先后有义工8900多人次，其中很大一部分是地震灾区的居民。发动灾民开展志愿服务工作也是创伤恢复和情绪辅导的重要方法和形式
其他社会组织	英国救助儿童会，清平乡迁回后工作已暂停； 香港理工大学清平社工站，已随清平乡迁回安置地开展工作； "梦想起飞"残疾人互助小组，本土自组织； 红十字鹤童绵竹市紫岩老年护理中心，接受来自附近的孤寡残疾老人，并为当地老年人医疗护理机构和人员提供免费专业技能培训； 中国科学院心理学剑南工作站，提供不同群体心理疏导方面服务； 江苏志愿者工作站； 绵竹家人，本土自组织； 各类农村专业合作社，如食用菌种植合作社； 社区及村内各类文化娱乐活动组织，如龙灯队、腰鼓队、老年书法协会，等等

各村其他社会资本也略有差别。

集贤社区以前在东汽工作的约有 200 人，占 5%，后来人数减少到约 100 人。其余大部分人主要从事个体经营，打零工的占 30%。打工通常不稳定、流动性大。社区内的私人企业，70% 由本地人经营，30% 由外地人经营。医疗方面，居民参加城镇居民基本医疗保险。

青龙村有劳务输出公司和建筑队，这两个组织都创建于 20 世纪 80 年代中期，20 世纪 90 年代后期，随着市场经济逐步发展壮大。地震前，东汽及其下属公司每年都会通过劳务输出公司招聘一定数量的合同工人，以该公司为媒介，每年解决了不少农村富余劳动力的就业问题，同时建筑队方面也提供一定数量的零工机会。

方大社区以前有一个四川德阳方大化工股份有限公司，是一家主要从事磷肥生产的市属企业。2001 年 12 月 14 日破产，厂房拍卖给龙蟒集团。磷肥厂原产值 1.2 亿元，破产转让时估计 5400 万元，最后以 1200 万元卖出。社会保险方面，社区有养老、医疗保险，从 1992 年开始有了工伤、失业保险。目前各种养老保险已齐全。在龙蟒工作的员工有养老、失业、医疗保险。城镇居民基本医疗保险要求 100% 参加，实际上有约 10% 的人没有参加。医疗方面，原有职工医院，后来坡长解散后，该院医生成立了类似的社区医院，属于私人合伙、民营医院。教育方面，原来有幼儿园。信息方面，每个小组都有一个宣传栏。

白溪口村震前主要经济来源为药材种植、林木种植、少量家庭养殖，七八十人在外打工，其中一二十人在外省，其余均在本地。村民都参加了新型农村合作医疗。

东普村全村工业主要有一个 1994 年建立的磷肥厂。村民的经济来源主要有种田、打工和做小生意。其中主要的收入来源是打工，去外省打工的有几十人，包括去浙江、上海、广东、北京。村附近打工的占绝大多数，大约有 700 人。平均下来，每户都有一名打工的人员。打工人员主要从事保安、砖厂、服务员、纺织工人等工作，其中男性占 60%。全村平均每人拥有 1 亩土地，主要还是用于养殖业，产出多为自己食用。

群力村村民中有不少人在各建筑工地打零工，泥工等工作每天能挣到约 120 元，杂工每天也有 50 元。为促进就业，政府提供瓦工、焊工、电工、缝工等免费培训，通过村委会向村民通知，自愿参加，学成后颁发证书。村干部们反映，无锡工业园要求 18—45 岁高中以上文化程度，标准相对于村实际情况有些高，虽然优先招收香山村、凌法村、群力村村民，但仍然不足以解决村里大量的剩余劳动力就业问题。考虑德阿公路的带动效应，村民将来可能发展服务业。

6. 经济资本

汉川地震之前，汉旺镇镇区分布着全国三大汽轮生产企业之一的东方汽轮机厂、全国四大磷矿基地之一的清平磷矿、省内黄磷生产规模最大的中外合资企业华丰磷化工有限公司和汉旺黄磷有限责任公司等规模以上企业 17 家，镇村两级工业企业 145 家，基本形成以机械加工、矿山采掘为主体，建工建材为优势，磷化工为龙头的工业格局。2005—2008 年，综合统计平均每年货运量为 257 万吨，平均每年客运量为 16.5 万人次。"5·12"地震之前的 2007 年，汉旺镇全镇工业生产总值 131 亿元，财政收入近 3 亿元，国内生产总值 37.8 亿元，其中东汽为龙头的机械加工产业是其支柱产业，约占 GDP 的 80% 以上。

汉旺镇居民震前的生计来源主要是来自以下几个主要的渠道：（1）东汽及其下游产业。正如前文所提到的，以东汽及其下游产业链为依托的工作岗位大部分都因为地震而消失了，原先从事这些工作的居民的生计来源在地震之后就成了很大的一个问题；原来做生意或是从事商业服务业的居民，震后房屋受损，财产损失严重，做生意资金不足，且目前顾客数量相比震前也大为缩减，这部分居民现在大多赋闲在家，靠打零工维持生计；原来主要从事农业生产，通过种植、养殖业维持生计的部分农民，震后由于土地被震坏乃至震毁，种植业受到限制，养殖方面也因粮食不足，养殖数量减少，收入也随之减少。我们在调查中观察到地震前在东汽或是依托东汽的下游产业链谋生的这部分居民，更多的是希望能早日到附近的工厂里找到一份合适的工作。因此对他们而言，最需要的生计服务是相关组织的资源链接、招聘信息发布。（2）商业活动。对原来从事商业活动的群体现阶段主要是希望能有合适的机会打零工或是找到全职类的工作，长期目标则是寄希望于汉旺镇经济的全面恢复及旅游业的发展。因此他们需要提供的生计服务主要是在政策方面提供政策支持，包括减免税收、提供低息或无息贷款等措施，鼓励这部分居民能够在震后重新创业。（3）社区服务业。对于原来从事社区服务业的居民，他们需要的不仅是就业信息发布，也需要有关组织能提供一定的技术技能培训，使他们在震后的求职过程中有一技之长。（4）农业。对于原来主要从事农业生产，通过种植、养殖业维持生计的农民，他们在生计服务方面需要的是政府能在水利、退耕还林补贴、农村基础设施方面加大投入，促进他们的农业生产尽快恢复，同时希望有关组织能够提供相关农业信息及农业增产增收技术，并整合外界资源，打开农产品销路。

地震过后，汉旺镇各产业都受损严重。东方汽轮机厂搬迁至德阳。农户的生产恢复需要获得资金支持，如食用菌种植，恢复一个种植场需要数十万资金。目前农户已获得政府住房重建补助，标准为1.6万元以上/户（3口之家，最多2.6万元每户，6口之家及以上）；江苏援建资助每户5000元或8000元；特殊党费3000元/户；银行贷款2万元/户，但需要担保人或资产抵押。未来汉旺老城区将建成包括地震博物馆、工业博物馆、生态修复展览馆和灾害普及教育中心、科研中心等多个项目的绵竹汉旺地震工业遗址公园。新城规划3平方公里，工业园区规划1平方公里，在老城区下游2公里处修建。新城规划入住居民3.5万人，估计最终将有5万—6万人入住。新增加的人口包括以后工业园区的就业人员。

德阳市政府确定在汉旺设立无锡工业园，该园位于汉旺新城南端，将承接江苏产业转移，推动汉旺经济复苏。该园规划用地3平方公里，主要承接机械加工、环保设备生产、仪器仪表制造类工业、物流等企业入驻。关于招商引资工作，汉旺镇政府强调了三点内容：一是现已招标到江苏的三个援建大型企业，其中江苏永达集团的规模相当于东汽，并与招标的外地企业签订就业优先协议，从而保证本地就业率。二是注重招商引资，并把招商引资的范围逐步向社会公开，同时开发汉旺旅游资源，恢复、发展本地的工业和服务业经济。三是汉旺镇政府希望加大招商引资的力度。

各村和社区的经济资本差别较大。具体内容如下。

新开村村内有原剑南春的联营酒厂严仙酒厂、新开特种养殖场、开心特种蔬菜加工厂、46家沿山农家乐及11个食用菌厂。其中蔬菜加工厂采用公司加农户的方式，种植茄子、黄瓜、蒿菜等蔬菜，以及一些日本品种蔬菜，如迟菜。食用菌厂主要种植姬菇、白平菇、蘑菇和杏鲍菇等。开心特种养殖场主要饲养红原茶花鸡、红腹金鸡、野鸡等品种。汶川地震后，原有的生产企业和文化、旅游及休闲产业均已遭到毁坏，特别是严仙酒厂、开心特种蔬菜厂和开心特种养殖场全部损毁，全村直接经济损失 15 亿元。新开村内有吉祥寺和新开寺两处文化遗址。吉祥寺为千年佛寺，占地总面积 150 余亩，寺内设施完善、名气大，是省内外游客旅游观光的重要场所。新开寺原为佛教寺庙，后改为道观，是川北地区文化传承历史悠久的观光景点。每年接待游客量 20 万人（次），文化旅游业年收入 200 余万。地震前新开村连续十年获得"绵竹市经济十强村"。2007 年底，全村共办各类企业 70 余家，年产值 8000 余万元，年创利税 750 余万元，全村年人均纯收入已到达 5350 元。灾后重建需要的资金较多，如村民住房修建需要的资金，原每户村民住房修建 100 平方米计算，每户需要建房资金 14 万元左右。如果国家对每户受灾村民住房重建补助 2 万元，每户村民实际需要建房资金 12 万元。各企业基本恢复到灾前的生产能力，共需要投入资金 5150 万—5450 万元。（详细计算见附录）。目前新开村集中修建房屋补贴是 3 人/户 1.6 万，4—5 人/户 1.9 万，6 人以上/户 2.2 万。现金补贴每人 900 元，过年补贴每户 400 元。退耕还林补贴，新开村户均 2 亩地，2003—2008 年，每亩补贴 200 元，2008—2013 年每亩补贴 100 元。

青龙村 2007 年人均务工收入 7000 多元，户均 1 万—2 万元。表 2—6 是随机走访青龙村五位农户，得到他们的生计变迁情况。对于震后的经济发展，村干部们表示，退耕还林后，他们拟建 1600 亩的粉葛基地、1200 亩的核桃基地以及 1000 亩竹笋基地，其中核桃基地估计 15 年后开始有明显经济效益。等江苏工业园建成投产后，也将优先吸收 18—45 岁、高中以上文化程度的青龙村村民去工作。

表 2—6   **农户生计访谈简况**

农户	地震前生计	地震后生计	今后打算
A	种地、养殖，震前种养年收入达 5000 元左右	土地被震毁，改种核桃，养殖数量减少，收入下降	养殖，回山上把林地看护好，林地三分靠林，七分靠养
B	自己在东汽厂当普通工人，妻子在家里种地、养猪	东汽厂搬到德阳，现失业在家，地被震坏，粮食减少，养殖数量减少	自己打零工，妻子在家种地、养猪

续表

农户	地震前生计	地震后生计	今后打算
C	原蛋糕店老板，自己有两处门面，震前年收入10万元左右	制作蛋糕的机器在地震中丢失，门面被震毁，损失数十万元	先打零工，等情况稳定后，筹资找门面重开蛋糕店
D	在东汽下属的食品厂工作	失业中，先在家照顾老人和孩子	等情况稳定了，在汉旺镇附近找份工作，兼顾照顾家里
E	地震前已离开东汽，种地、养猪、兼打零工。年纯收入6000元左右	地震后赋闲在家，偶尔回山上看林地。养猪数量减少	与震前一样，希望能多一些打零工的机会

方大社区退休人员占 50%，有 900—1000 人。退休工资为 800 元/月，破产安置款 11800/人。地震前在龙蟒上班的 300 多人，当时无条件接受原厂职工，如提前退休离开龙蟒，则返还 11800 元。破产前磷肥厂有 1200—1300 人，当时龙蟒安置 400 多人，有 200 人提前退休，700 多人下岗。目前，全社区资产在百万元的只占 5%。大部分人主要打工，以男性为主，在服务业工作的较多。就业方面，政府有组织过培训，居委会也会提供一些信息，现在社区面临的一个重要问题是 30—40 岁的居民中有 600 多人下岗，或者等待退休。社区干部认为社区很多居民以前都是老国企的职工，观念保守，缺乏竞争意识、吃苦能力差，过于懒散。磷肥厂倒闭后去东汽工作的有 20 人，主要是三类人：有技术的、能吃苦的、有关系的。对方大社区的四位青年居民进行小组访谈，其中包括两位男性、两位女性，得到生计预期信息如表 2—7 所示。

表 2—7　　　　　　　　生计预期访谈简况

所具有的工作技能	工作信息来源	已有社区服务状况及需求	希望的工作特点
1. 服务管理类如超市、茶馆职员 2. 建筑类如瓦工、斗车工等 3. 物业管理类如门卫等 4. 手艺类如在服装厂、包装厂工作 5. 市政管理类如街道清洁工 6. 家政类如保姆等 7. 其他，如信息收集联络人，摆摊做小生意等	大多来自亲戚朋友熟人的介绍，有些是居委会提供的信息，部分是通过电视报纸、街头广告等方式获知，通过政府或是人才市场的渠道获得的就业信息较少	目前方大社区已有老年活动中心、骑游协会等组织，对于社区服务居民大多愿意参加，但是都怕麻烦，不愿当组织者；在女性娱乐方面有刺绣协会和跳舞队 参加访谈的居民最关注的是生计问题及汉旺新城的房子问题，目前没有考虑社区服务方面的需求	希望能够有对年龄、文化程度、技能水平要求不高的工作；收入方面要求不高，只要能满足每月基本生活就可以了；工作地点最好在汉旺镇，以便照顾家里

东普村地震前匠工一天能挣 30—40 元，现在是每天 100—120 元，杂工以前是 20 元/天，现在是 50 元/天。打工收入上涨了，消费也上涨，纯收入也在上涨。水稻以前 20 多元/公斤，现在 40 多元/公斤；猪价也上涨了。全村的经济总收入是上涨的。关于未来村子的经济发展，村书记认为无锡工业园主要是机械化生产，吸收劳动力有限。村子原来种植过魔芋，但是规模小，亏本了，农民很实际，失败后就再也不种了。2004—2005 年的时候也搞过蔬菜大棚。以后要发展产业，还是考虑选择风险小一些的。关于培训，每年村组都要进行培训，市政府也组织培训。我们对东普村的 5 位中年村民进行小组访谈，了解他们在地震前后的生计途径变化，结果如表 2—8 所示。

表 2—8　　　　　　　　　　生计变化与预期

	震前状况	震后状况	变化原因	未来打算
种植	据村民介绍，本村土质不好，无大型蔬菜户，种植主要是小麦、菜籽、水稻、大麦等，亩产 600—700 斤	与震前一样	无变化	仍以种植养殖为主，如果有打零工的机会，争取外出打零工，贴补家用。打工多是通过朋友、亲戚、熟人等渠道获得信息
养殖	全村 70 户共有 20 头母猪，年产猪仔 300 只左右，这些猪仔一部分外销广汉、什邡等近邻地区，一部分卖给本村居民。村民每户有生猪 2—3 只、鸡 6—8 只、鸭 3—5 只，有少量农户还养兔子	养殖数量减少	有数只母猪在地震中死亡，产下的猪仔外销不出去，猪仔价格下降，收入减少，统规自建房，大多没有足够场地养鸡、鸭、兔等	
退耕还林等政策性补贴及支出	良种补贴每亩几十元，粮食直补每亩 100 多元，本村没有退耕还林支出主要是水利费每亩 58 元，工业事业费每人每亩 30 元	与震前一样	无变化	
打工情况	打零工，每天挣 20 元左右，一个月能有一半左右时间打零工，以做农活为主	打零工，每天能挣 40—50 元，要修房子，打零工的时间和做农活的时间都减少	房子在地震中被震毁	
来自子女的收入	子女逢年过节会给一定费用	要还贷款，子女给钱少了	震后修房，大多向银行借款，还贷压力大	

群力村震前打工的村民七八百人，打工地点基本在汉旺镇附近，其中有 300 多人在做小生意，七八十人在跑运输，260 人在东汽工作，以女性居多，主要做保洁等工作。震后多数人丧失收入来源，男劳力目前多忙于农房重建，全村约 700 户，目前已经完成修建的三四百户。

总体来看，不同村庄或社区的生计途径有不同特点，例如新开村种植食用菌，东普村搞养殖业。新社区划分打破原有社区划分，形成的 7 个社区各自有特点，例如梁溪的弱势群体安置小区；另外，靠近旅游景点、工业园区更容易获得服务业发展的机会。各村农户生计意愿有政府规划如表 2—9 所示。

表 2—9　　　　　　　　　各村农户生计意愿与政府规划

	村民意愿/传统	政府规划
旅游服务	群力	新开、大柏林、百果
各类经济作物种植	新开、青龙、群新、东普	东普、群新、牛鼻、青龙
养殖	东普	

五　研究发现

社区资本建设是社区灾后恢复重建的重要发展框架，社区资本的发展与完善在微观层面对于促进社会的发展，促进人与环境、经济与社区的协调发展起着重要的作用。社区资本建设的根本目标是满足人们多层次的服务需求，改善生存条件，提高生活质量，实现人的全面发展与社会的全面进步。通过对汉旺镇五个村和三个社区的调研，我们可以清楚地看到目前汉旺镇以及与汉旺镇一样的重灾区，地震前后社区资本的变化、新的内生需求以及相关机构介入的影响。

（一）生计服务与支持

获取收入、维持生计，既关系到居民的生产生活，也关系到社会的稳定与和谐。突如其来的大地震不仅毁坏了震区居民的房屋，也使居民的生计结构发生了重大变化。主要表现有：以东汽及其下游产业链为依托的工作岗位大部分都消失了，这部分居民的生计来源在地震之后就成了很大的一个问题；原来做生意或是从事商业服务业的居民，震后，房屋受损，财产损失严重，做生意资金不足，且目前顾客数量相比震前也大为缩减，原先从事商业服务业的居民现大多赋闲在家，靠打零工维持生计；原来主要从事农业生产，通过种植、养殖业维持生计的部分农民，震后由于土地被震坏乃至震毁，种植业受到限制，养殖方面也因粮食不足，养殖数量减少，收入也随之减少。目前对居民来说，最重要的是找到一份工作和收入来源，做到有事可做，有钱可挣。因此目前居民最迫切需要的是提供获得生计来源的相关服务和辅助。

在地震之前，汉旺镇是工业强镇，居民的生计大多是在本地消化解决，只有部分居民外出打工。受地震影响，大多数原来在本地工作的居民现在必须重新寻找新的生计来源。为了解决当地的劳动力就业问题，汉旺镇政府、绵竹市政府以及众多的社会机构都在其中发挥了积极作用，各个部门在信息公开、资源链接、组织协调、技能培训等一个或多个方面为居民提供生计服务。

首先，政府提供的生计支持与服务。

招商办负责招商引资和对外宣传。汉旺镇招商办公室方面希望能够通过汉旺新城附近无锡工业园区项目的启动，吸引一批劳动密集型企业。目前工业园区已逐步启动，汉旺镇政府招商办积极招商引资，现已招标到三个来自江苏的大型援建企业，其中江苏永达集团的规模与东汽相当；政府方面一方面通过与招标的外地企业签订就业优先协议，从而保证本地就业率；另一方面在注重以政府为主导进行招商引资的同时，也把招商引资的范围逐步向社会公开，同时开发汉旺旅游资源，逐步恢复、发展本地的工业和服务业经济。此外，汉旺镇政府希望借助英特尔创建汉旺镇招商引资网站，加大招商引资的力度。

汉旺镇劳动保障所负责社会保障、技能培训、信息发布和岗位开发。震后，汉旺镇劳保所现有正式工作人员2名，下设四个劳保站：集贤社区、方大社区、汉新社区和武都社区劳保站，各工作站设置1名专兼职工作人员。劳保所为居民提供的服务有：（1）社会保障。汉旺镇有5000人需进行农转非，现正处于农转非的过渡期，需办理征地农转非人员的社会保险。2009年度已办理3100人的养老保险，并办理到达退休年龄的退休及生存认定；办理城镇居民医疗保险，2009 年度已办理城镇医疗保险 4000 余人；做好城镇居民失业登记及灾区就业援助政策的落实工作，去年共办理灾区就业援助证 2300 余个；国家对汉旺有特殊政策，农村户口居民也同时享有城镇居民的医保政策，同时城镇集体企业的临时工也可办理社保。在社会保障方面还需要做好灵活就业社保补助工作，2009 年度已受理 315 个灵活就业社保补贴。（2）技能培训：加强灾区的农民技工培训工作，为加快灾区重建工作培训建筑工（泥瓦工）685 名，组织多个工种培训 5 期，培训人员 1000 多人，通过培训就业的达 200 多人。同时为帮助农民自建房降低建房成本，劳保所与东方职业技术学校合作举办培训，仅此一项，每户可节约建房费 1 万—2 万元。（3）信息发布：每年举办就业招聘会，同时增加与江苏的对口援建就业岗位，如"春风行动"等，灾后汉旺镇劳保所发放就业信息 50 余次，提供就业岗位 4 万多个，外出务工 6000 多人。（4）岗位开发：针对汉旺镇板房区 2 万多居民，根据实际情况开发各种公益性岗位 400 多个，解决了部分生活条件艰苦、就业困难的居民的就业问题。

但政府解决问题的能力也是有限的，并且缺乏深入基层细致落实具体工作的人员和能力，无法解决所有的就业问题；此外，劳动技能培训工作没有和就业机会和渠道相结合，使培训工作的效用降低。此时，社会力量就能很好地弥补政府能力的不足。

其次，社会力量提供的支持。

绵竹市东方职业技术学校于 1985 年创办，是绵竹市劳动和社会保障局直属的以职业技术教育，中、高等成人教育为主的多学科职业技术学校。该校是市财政、人事、劳动部门制定的职称与职业资格培训、考核单位，是绵竹市农村劳动力转移阳光工程培训基地、绵竹市再就业培训基地、农民工培训基地，是德阳市定点培训机构。现有教师 35 余人，主要培训专业有汽车维修工、计算机操作员、水泥生产制品工、机械加工、缝纫工、包装工、食品生产加工、手工工艺制作、化工产品生产工等。在震后居民的生计服务方面，该校主要以开展技能培训为居民提供生计服务。现已开展十多期的创业培训。东方职业技术学校汉旺点还不断支持当地社会组织，如与青红社工服务站、备灾中心紧密合作开展当地生计发展项目。由于在"国际劳工培训项目"中取得成功，学校获得国际红十字会创业培训项目，共有 4700 万的项目资金专用于绵竹培训项目，为绵竹市学员全额免费提供相关培训，其培训内容由政府决定，培训教材和培训标准由国际红十字会提供。

青红社工服务站是中国红十字基金会"5·12"公开招标中标项目，2009 年 4 月由中国青年政治学院等单位承担，以"团结社区、发展生计"为理念目标。家庭互助小组生计项目采用资助其开展自力更生的生计项目的方式，提供生产资料，帮助绵竹汉旺镇伤残人员灾后重新开始生活。服务站依托东方职业技术学校，面向武都板房区居民及周边受灾群众，开展以家庭生产生活恢复重建和社区发展为主的综合性社会工作服务，服务站工作人员主要由中国青年政治学院等高校社会工作专业师生、中国社会工作协会志愿者工作委员会的项目工作人员及志愿者组成，驻站开展服务，绵竹站常驻社工 4 名。在生计方面，青红社工服务站提供的服务主要有：家庭生计互助小组，协助在家庭生产和生活方面遇到困难的人员，特别是伤残人员建立生计互助小组，共同探讨生计发展问题，相互支持，相互帮助，改善家庭生计状况；社工服务站为小组提供 5 万元的无息贷款，其小组成员是从东方职业技术学校的学员中挑选，一般为 6—7 名。小组成立管理委员会，同时制定小组性质、目标、章程等制度。如小组成员因创业失败无法偿还贷款，最终由小组讨论决定是否偿还。至今小组成员的主要创业成果已有干杂小吃店、水果摊、小百货、银杏树苗种植和烧烤摊等项目。家庭生计项目培训扶持，根据需要，为家庭生计互助小组提供培训支持，并在生计互助小组的共同决定和管理下，为组员集体或个人开展生计项目提供资金扶持，鼓励大家团结协作、共同开展改善生计的行动。

家园社区服务中心是 2008 年 8 月 17 日正式对外开放的一个面向绵竹汉旺武都安置区内灾民服务的一个公益机构，其前身是帐篷学校，由香柏领导力机构成都赈灾办事处成立，属于香柏赈灾项目中的一个项目。随着短期救灾工作的结束，开始与灾民共同面对灾后重建。重建中，遇难者家属需要安慰和陪伴、伤残者需要关怀和照顾、失业者需要再就业的机会和重拾重建家园的信心，灾区居民需要互助友爱、自强自立、满怀信心来重建家园，家园社区服务中心应需而生。目前各个工作岗位上有志愿者及工作人员 19 名。在生计服务方面，家园社区目前已经提供的服务有计算机、缝纫、美发、厨师、电脑培训。

备灾中心—心空间是汶川地震之后由全国 100 余家民间组织组成的"NGO 四川救灾联合办公室"，从地震第二天即 5 月 13 日开始开展紧急救援工作，并于 5 月 30 日紧急救援工作结束之后宣告解散。在联合办公室宣告解散的同时，由原攀枝花市东区志愿者协会秘书长张国远先生发起成立的 NGODPC 则延续了"NGO 四川救灾联合办公室"在绵竹汉旺镇的灾后重建工作，并在绵竹市汉旺镇武都村建立了 NGODPC 汉旺志愿者服务站，现在服务站有正式工作人员 3 名。在生计服务方面，备灾中心—心空间主要是为农户提供养殖方面的服务。备灾中心为汉旺居民提供家禽养殖无息贷款资金，例如为有意愿发展养殖的居民先提供资金，然后由居民自负盈亏，到一定期限之后向居民收回资金，如果一户居民每年养殖 4 头牛，每头牛每天可以为居民提供 5—8 元的收入，居民一天可收入 20—30 元钱。

通过以上分析，我们可以看出，政府以及社会组织、NGO 等都根据自身的实际情况，结合灾区居民的实际，在生计方面提供形式多样、内容丰富的服务，这对灾区居民恢复生计，尽快恢复生产生活起到了重要作用。

通过对生计服务的现状及需求的调研，我们可以看到，汉旺镇居民目前亟须生计服务与支持。不同群体对生计服务具有不同的需求，没有哪一个组织或是机构能够独立解决所有的需求。目前在灾区提供社区服务的机构很多，提供社区生计服务的机构也不少，如何整合资源、加强机构与机构之间的合作，同时以机构为依托，链接外部资源，为灾民的生计提供持续的服务，为灾民能力的提升提供相应的培训，使更多的人有事可做，有钱可挣，则是我们需要思考的问题。

针对上述现状及需求，可以从以下一些方面考虑社区生计支持与服务：（1）探寻多样化的生计渠道和模式；（2）根据居民的不同需求状况，开展容易就业、容易学习的技术培训，将职业技能培训与就业岗位获得相结合；（3）整合来自政府、社会机构、社区的多方面生计资源，专业分工、协作配合，共同缓解灾后的生计压力；（4）搭建就业信息平台，加强就业信息获取能力。

（二）生活服务与支持

生活服务是居民社区服务的内容之一，社会机构及相关组织在震后灾民的生活领域提供相应的服务是最容易取得成效的。生活服务内容覆盖面广泛，与居民的衣食住行密切相关，对于目前处于生计探索期的居民，如果同时也能够在生活方面为他们提供一定的服务，那么对于他们来说也是难能可贵的。

目前在汉旺板房区及受灾比较严重的村落，针对各地的具体情况，在生活服务方面都或多或少采取了一定的行动。在调研过程中，我们看到有些机构的积极行动已经得到了居民的广泛肯定。梳理居民已获得的社区服务的现状，有利于我们今后更好地开展社区服务工作。

震后物资极度匮乏，不少机构在震后为便利居民的生活，为居民发放了生活物资。比如慈济基金会在灾民刚迁入板房时发放了很多东西，包括锅碗瓢盆等，还为板房区的居民提供热食，不少居民都获得了这样的服务。2008 年冬，慈济为社区居民发放棉衣，不少居民 2009年冬所穿的标有"慈济"字样的棉服就是那时候发放的。此项物资发放让大部分居民都对慈济留下了较为深刻的印象。2009 年冬，慈济也为汉旺板房居民提供冬季物资发放服务，发放物资包括生活用品和食品等。

慈济基金会的介入方式就是以社区公共卫生环保为切入点，发动社区居民收集白色垃圾等到服务中心，在环保处做处理，让志愿者做力所能及的事情，许多居民都参与到了这一保护环境、爱护卫生的活动中，不少居民尤其是老年人平日里会将家中的瓶瓶罐罐和塑料袋等收集起来等待参加慈济环保活动的社区居民来收。

香港理工大学社工站、慈济基金会等也为板房居民、学校学生、伤残儿童提供不定期的义诊和医疗服务，会有来自台湾地区的医疗义工团队来为居民提供专业医疗服务。不过对老年人的医疗关注还是不足，特别是部分因不适应异地安置而返回原居住点生活的老人群体而言，还没有政府和社会机构关注他们的生活和医疗需求。

救助儿童会协同德阳市红十字会及当地相关政府部门，建立紧急应对的"儿童保护活动中心"，为地震灾区生还儿童提供一个安全的活动场所，保证儿童免受进一步的伤害；同时提供专业的心理支持，帮助儿童尽快从浩劫中恢复过来；对儿童和家长提供灾害后卫生健康知识的普及和发放卫生包，预防儿童常见病的发生。此外，还需要尽快组织生还教师，为他们提供适当的培训，可以担负起照顾儿童的职责并提供基本知识传授，并逐步恢复系统性的基础教育。在有复课条件的地点，积极协助政府部门开展复课工作。

汉旺学校社工站是在 2008 年儿童暑期服务的基础上由香港理工大学应用社会科学系派驻专业社工进驻学校开展社会工作服务而建立的。服务对象为汉旺学校一年级至六年级学生。2009 年 2 月开始在汉旺小学板房校区开展工作，主要的工作包括伤残学生和特殊家庭个案辅导；伤残学生物理治疗；社工小组工作；学校和社区活动。

家园社区在儿童方面开展的活动有：儿童功课辅导，儿童活动室；与汉旺、清平学校合作开展学校活动；伤残、孤儿、单亲儿童的辅导，家庭沟通；节假日的大型学校和社区活动。

由中国红十字基金会全额资助、天津市鹤童老年公益基金会设计兴建的红十字鹤童绵竹市紫岩护理中心，是地震灾区重建项目中，针对孤老、孤残人员，由社会筹资建设并已投入运营的第一家专业护理机构，数十名孤老、孤残人员已经入住该中心。对于残疾人，国家免费提供假肢，并视情况提供每月 100—900 元的补助。

通过调研，我们可以看到，社区居民的生活服务需求远远超出了目前已经提供的社区生活服务，不同群体、不同年龄段、不同居住条件的居民有着不同的生活服务需求。以下列举一些社区家庭的生活服务需求：（1）公共设施。早日将下水道、化粪池等建好，绿化方面能逐步完善，这样可以早日搬进新房。提出这部分需求的主要是来自群力村、青龙村、东普村、白溪口村的村民。这些村庄的居民大多是异地统规自建，自建部分居民已解决，而公共设施、基础设施方面的配套工作尚未完成。居民希望政府及有关部门能早日规划早日建设。在板房区，村民反映板房区道路质量差，凹凸不平，不便于行走，希望能修整路面。（2）医疗服务。在调研过程中，我们了解到老年人出门体检或者去看医生很不方便，希望有就近的医疗保健方面的服务。同时，老年人在访谈中提到最多的是希望能有免费体检等针对老年人的社区服务，能给老年人做义诊。（3）邻里关系。在我们的个案访谈中，部分居民认为现在汉旺板房区大家住在一起，人与人交往频次增加，邻里关系密切，希望以后搬迁到安居房后可以多组织一些拉近邻里关系的活动。多举办些有益身心的活动可以起到让社区居民一起学习到更多知识，提升精神生活品质，改善社区整体氛围的作用。建议开设改善邻里之间关系的培训班，帮助搬进新城的居民重新融入社区中。（4）家庭关系。帮助育龄妇女改善对孩子的教育方式，培养亲子间健康、科学的沟通、互动关系。地震中，不少家庭的孩子在地震中遇难，震后这些家庭只要年龄许可、身体状况许可，大多准备再生一个孩子，不少震后准备或已怀孕的准妈妈及已有新生儿的妈妈，希望能获得育婴方面的辅导，更好地培育孩子长大成人。（5）应急培训。目前居住的板房区属于危险的火灾易发区，特别是在冬季；在原白溪口村、青龙村等沿山地区，我们在访谈过程中了解到虽然"5·12"地震当时已经过去了一年多了，但是时不时地余震还是让他们对回原来的村里看护自己的林木有点儿害怕，对他们来说，防火避震方面的演习及相关讲解是很有必要的。政府相关部门已经在这方面采取了一些积极的措施。（6）文化教育。重视教育是我国的传统。对白溪口村妇女们的访谈中我们了解到白溪口村的文盲率较高，而她们也都非常重视孩子的受教育问题。妇女们希望能有个公共图书馆，有个地方可以辅导孩子的学习。另外，现在网络的普及也为青少年上网提供了便利条件，在集贤社区的访谈中，有些学生家长希望能有相关机构开展一些活动，教育青少年文明上网。（7）环境治理。我们在群力村了解到该村有造纸厂、水泥厂、黄磷厂、东汽等企业，这些企业在为本村经济做出贡献的同时，也给该村带来了极大的污染，这不仅造成了农作物减产，而且对人体也产生了极大的伤害，该村咽喉炎等疾病的患病率极高。因此居民希望有关部门能够治理污染，同时多数村民希望能加强对环保的宣传，如果有人组织，他们愿意加入其中。（8）失地农民安置。汉旺镇很多村都是异地安置，有大量农村居民从农村转入城镇，当农村居民入住城镇之后，很多以往的生活方式都不得不做出改变。居住形式的改变带来了邻里关系，生活和交往范围、方式的改变；失去了可供耕种的土地和家畜饲养的条件，食物都需要购买，而且还要负担物管、清洁、天然气等费用。

根据以上社区生活服务的现状和需求，我们可以看到目前汉旺镇的居民生活便利条件还比较差，生活服务方面仍然有很强的需求，有些是他们意识到了，比如公共基础设施的建设，有些是他们尚未完全意识到的，比如垃圾分类处理等。由此，我们认为可以从以下几个方面采取相应措施，以满足居民的生活服务需求，同时提高居民的主动性和社区的现代化水平。（1）政府部门应在公共基础设施方面加大投入，早规划，早建设，改善居民居住条件。（2）有关组织和政府部门应加大环保宣传力度，加强污染治理，改善人居自然环境。对废品回收、垃圾分类处理等，需要借助NGO的力量，发动居民参与这样的一场运动中。引导居民形成节水、节地、节才、节电等良好习惯。（3）对于老年人需求迫切的免费体检、义诊等，可通过引进外界医疗机构及医务志愿者，定期为一定年龄段的老年人提供服务。对于后期邻里关系改善、开设妈妈课堂、文化教育方面的需求，可以在资源充足的情况下，予以考虑。

（三）社区关系重构

社区休闲娱乐活动在灾后社区最大的意义在于，能够在团体互动中得到心理抚慰和恢复，恢复受损的社会关系和社会资本，在新的社区和社会环境关系中构建新的社会支持网络和社会资本。地震之后，居民的娱乐休闲情况和震前相比，在场地、资金等方面都受到了一定的限制，但是，居民的娱乐休闲服务需求并没有因为地震而减少，居民内部的娱乐休闲活动在震后不久就基本恢复，而外界机构介入后组织的娱乐休闲活动也在有条不紊地开展。

城镇社区有老年活动中心，社区的公共图书室。老年活动中心主要提供象棋、扑克、电视、跳舞（露天提供灯、音响）等，很多老人经常会来到活动中心、公共图书室活动。

集贤社区、汉新社区、方大社区都有自己骑游队，各个社区都有一定数量的老年人参加。各个农村社区在震前都存在各种龙灯、腰鼓、老年娱乐等组织，但是在地震后活动都陷入停顿，需要帮助恢复组织和活动。集贤社区和方大社区的老年人还创办了诗书画协会、骑游协会。老年机关干部退休后成为协会领头人。诗书画协会创立宗旨是使老年人老有所养，老有所乐，老有所为，为老年人提供一个相互学习、娱乐的平台。诗书画协会实行会员制，分诗词组和书画组，会员每年缴纳一定的会费，协会每年制作一期会刊，会员以投稿的方式发表文章，这些会刊会员人手一册，同时还无偿赠送给各单位。协会每月有两次例会，上半月一次，下半月一次，会员可自由参加，例会主要讨论学习诗词写作、书画写作以及对党的政策进行分析研究，对有关老年人的权益保护等法律进行学习。该协会会员的义务是缴纳会费，参加协会活动，举办的活动主要有辅导小学生书法、过年时给村民送春联、到福利院陪老人聊天还有组织外出旅游观光等。

汉新社区组建了自己的登山队，在重阳节组织了游公园、农家乐等娱乐活动；妇女节组织妇女春游、游农家乐等活动。地震前，社区组织组织过骑游队、舞蹈、钓鱼、书画、摄影协会，老人们经常自发组织社区的娱乐活动。地震后居住在板房里，活动中心的面积和硬件条件有限，但还是有不少老人愿意到社区活动中心活动。社区中还有一个文娱队，主要是搞龙灯、腰鼓、跳舞活动。集贤社区还有刺绣协会和跳舞队。

这是社会机构开展最多的一种社区服务和行动领域。慈济基金会在娱乐休闲方面每天都有活动安排，保证到服务中心的人都有事情可做，并能学习到一些东西。香港特种乐队志愿者团队先后在绵竹实验小学帐篷学校、东汽中学、汉旺板房区开展音乐治疗活动，鼓舞居民重新振作起来，反响很大。汉旺学校社工站开展学校与社区的节假日大型活动；为缓解伤残学生家长照顾的压力，改善伤残学生的亲子关系，组织学生家长的普及知识活动。曾设计并组织伤残学生及家长去九龙山庄、国色天香活动，并受到家长的一致好评，达到预期效果。家园社区在娱乐休闲方面主要开展了节假日的大型学校和社区活动；开展品茶、棋艺、舞蹈、生活知识讲座、电影欣赏等活动。这些机构及组织在地震后开展的一系列活动，对丰富灾民的精神生活，缓解灾民的精神压力，起到了很好的作用。

这里列举一些调研过程中居民提出的社区娱乐休闲需求：老年人希望能建立一个公共交流场所，有个戏园子可以看川戏，可以喝茶聊天；希望相关组织能组织教授健身操和太极拳以锻炼身体；可以适当地开展一些文化娱乐活动，比如说健身活动，提供健身器材等；希望能有一个图书室，里面能够配置电脑供上网学习；修缮原有公共活动场所：东普村的村民希望能尽快把在地震中受损的寺庙修好，作为村民的公共活动场所。

虽然板房中有很多机构和志愿者来提供各种服务，但是这些服务更多的都是针对 50 岁及以上年龄段的居民和小朋友。年轻一些的人还是希望可以参加跳舞、健身等社区活动，但是他们因为工作没有太多的时间去参加。年轻一些的居民是否以及如何能够在社会机构提供的这些服务中实现社会关系的恢复和重构，是否有除娱乐休闲之外其他形式和途径的社区关系重构工作可以开展，还需要众多在汉旺开展工作的社会机构思考和探索。在调研过程中，我们发现旧城镇社区有老年活动中心，有公共图书室，但是农村里不论是原来还是现在重新规划后的村庄，都没有考虑公共活动场所的建设问题；不论是城镇社区还是农村社区，居民都反映缺乏锻炼健身器材。不过新城建设都已将这些问题的解决方案纳入了规划。

一方面，相关社会机构可积极介入，开展丰富多彩的社区娱乐休闲服务活动。另一方面，相关部门支持社区内部已有的社区娱乐休闲活动组织，为他们提供相应的场地和资金支持。同时，通过与外界相关机构联系，争取引进资源，为城镇居民和农村居民配置相应的健身器材等基础设施。此外，对于一些活动或是器材使用可以通过参加者付少量费用的方式，增强居民的责任意识，促进资源的有效利用；在此过程中，积极培养社区领袖，通过社区领袖带动社区的发展。

在当地开展工作的社会机构，可以探索其他社会关系重构方式，与社区可持续生计、弱势群体关注、社区服务等工作相结合，让更多的群体能够受益，并且有助于灾区社区生计和心理创伤的恢复。

（四）心理创伤恢复

"大型灾难过后，人们在心理上受到重大创伤，随着时间的推移不断发生和发展，心理重建是一个长期系统的工程。"灾后居民心理层面遭受的创伤具有长期的复杂性、潜伏性，对灾后居民的心理健康状况重视不够，必将长期影响经历过地震的人们，乃至影响到下一代。因此地震之后，不少有一定专业背景的社会组织纷纷到灾区开展心理志愿者服务。部分机构的活动一直持续到了现在。

在提供心理辅导方面，在调研中很多居民表示，地震给他们造成了一定的恐慌，多少都有一点地震后遗症。如在汉新社区某户进行深度访谈时，两位老人表示震前常在沿山一带散步健身，也喜欢到农家乐去休闲。但震后这样的机会少了很多，因为地震遗址就在沿山一带，他们还是有些害怕。又如在白溪口访谈中，有村民表示，地震时的山崩地裂，至今还印象深刻，即使现在情况稳定了，也不敢上山，一有余震就害怕得往屋外跑。而对于在地震中失去亲人的居民来说，情况要糟糕得多。如群力村某王姓阿姨，54 岁，目前一个人居住，丈夫和女儿在地震中丧生。现在每天的生活都很孤独，除做家务之外没有其他事做，不愿意外出参加活动，沉浸在丧亲的痛苦之中，需要他人更多的陪伴。在集贤社区，有居民说起自己在地震中遇难的孙子，忍不住潸然泪下。这样的个案还有很多。地震给人们的生产生活造成重大经济损失的同时也给人们的心理造成了极大的创伤。如何走出地震的阴影，走出悲痛，重新开始新的生活，是灾民们面临的重大问题，需要我们尽力解决。

自地震发生至今，不少机构开展了形式不同、内容多样的心理辅导服务。（1）慈济基金会。自地震以来，曾在慈济参与志愿服务的义工有 8900 多人次，其中很大一部分是地震灾区的居民。发动灾民开展志愿服务也是创伤恢复和情绪辅导中的重要方法和形式。（2）剑南社区服务中心。剑南社区服务中心主要是通过对遇难家属、教师、无业群体等进行小组工作和个案工作来进行心理辅导。（3）英国救助儿童会。主要是对儿童开展个案工作和集体活动进行心理辅导。（4）香港特种乐队。主要是开展歌唱活动，通过个体和群体在音乐中的情绪表达，缓解居民的心理压力。（5）红十字鹤童绵竹市紫岩护理中心。主要是给孤老、孤残的居民提供康复、生活服务和心理干预。（6）汉旺学校社工站。主要是通过个案工作和小组工作的方式，为学生提供心理辅导。（7）青红社工服务站。提供个人康复和家庭辅导，包括心理疏导和遇难学生家长辅导。（8）家园社区。主要是通过培训及小组工作，舒缓灾民地震压力；同时通过社工个案工作、家庭探访等方式给予地震灾民更多的心理支持。

　　几乎所有在汉旺及附近灾区开展工作的社会机构都在开展心理辅导、心理恢复方面的工作。然而心理辅导的产出和效果难以衡量。以后在汉旺新城中如何开展心理恢复和辅导，如何与其他的社会支持与服务相结合，如何确保心理恢复和辅导的产出成效，还需要更多的探讨。

（五）应急管理能力建设

　　应急管理是指政府及其他公共机构在突发事件的事前预防、事发应对、事中处置和善后管理过程中，通过建立必要的应对机制，采取一系列必要措施，保障公众生命财产安全，促进社会和谐健康发展的有关活动。根据突发事件的预防、预警、发生和善后四个发展阶段，应急管理可分为预防与应急准备、监测与预警、应急处置与救援、事后恢复与重建四个过程。

　　本次调研我们采访了汉旺镇镇长、安全生产主任、各村和社区的书记以及部分居民，了解了地震当时的情形和现有的应急管理体系。总结得出以下经验事实。

　　第一，地震前有针对已发生灾害的应急预案。在"5·12"地震发生之前，汉旺镇政府制定了包括安全事故应急预案、突发事件应急预案、食品安全事件应急预案、地质安全应急预案在内的应急预案体系。已有的应急预案规定了政府不同层级主体的责任、关系，确定当灾害发生时，镇书记作为全镇一把手领导，统领整个应急队伍，责任层层落实，直至村级单位，由村主任作为村级一把手领导工作。其中地质安全应急预案的主要内容是对汉旺镇易于发生地质灾害（山体滑坡、泥石流等）的地段进行监测。以青龙村为例，地震前青龙村在防洪抢险、泥石流、滑坡监测等方面均做出工作安排，组织"民兵小队"在多雨时节进行巡逻，做到严格的"每日报平安"。汉旺镇政府在沿山区的村庄针对如何进行水文、地质监测组织过技术培训，讲解相应的预防知识，做到早预防、早发现、及时报险、降低损失。相应的防洪预案在"5·12"地震时发挥了重要作用，提高了人们的警觉性。地震时，东普村得到水库有裂缝的消息，随即由村干部组织村民疏散，并组织民兵进行防洪排险检查，监控水库状况。

　　第二，地震前缺少针对地震的应急预案。汉旺镇的应急预案多是针对曾经发生过的灾害（如洪水、泥石流、滑坡等）或者有明确潜在风险的危险源（如水库）而建立的。虽然历史上汉旺曾经有过几次地震，但因为震级很小，并没有得到人们的重视。村干部和社区领导均反映至少在村与社区一级没有针对地震设置的应急预案。在缺少相应预案的情况下，地震发生时，各村委会、社区居委会干部均以个体自主行动为主，结合自身所在地点，从事不同的援救工作。

第三，地震中社区干部是居民的主心骨。虽然缺少预案的指导，但是村干部和社区干部在抢险救援和物资分发工作中发挥了重要作用。集贤社区的张军副书记反映："地震当时很混乱，大家都是自顾自地，但是回过神来后，又都往镇政府走，人们觉得那里才有主心骨，有什么消息、办法或者物资都应该在那里。找到政府才能解决……"这说明在巨灾面前，村干部、社区干部具有不可替代的作用。村委会和居委会的组织功能在地震过后的半天到一天内逐步恢复。在经历个体行动时期后，社区干部逐步互相建立联系，开始协调分工，逐步以集体行动的方式恢复组织功能。方大社区的徐书记介绍，在地震的第二天，社区居委会组成了抢险组和物资保障组。抢险组由社区主任负责，主要负责挖人、抢救伤员，掩埋遗体等。物资保障组由徐书记负责，主要负责物资的分配、发放以及帐篷区的管理、协调工作。

第四，群众自救与互救是救援的主要形式。由于"5·12"地震破坏力强、影响范围广，外部救援力量的挺进速度与救援范围显得相对有限，地震发生的第一时间，主要的救援形式是人民群众的自救与互救。东普村村民介绍，地震时正是下午农忙时，很多人都在外面干活，所以伤亡相对较小。地震发生后，村民们基本上是就地安置，大家自发地在自家房子外面搭起了简易的帐篷。这时候大家一面等待政府的援助，一面开展互救活动，受灾较轻的村民帮助受灾重的村民；年轻力壮的小伙子帮助大家搭建帐篷，运输物资；妇女们主要负责做饭、照料老人和小孩。

第五，国家领导人第一时间出现激励人心。在访谈中，汉旺镇的领导和村民均反映在地震后的第二天，温家宝总理来到汉旺镇广场，向灾民讲话。这极大地鼓舞了当地人的斗志，增强了大家的信心，使大家都相信，有中央政府的关心，人们一定可以齐心协力共渡难关。汉新社区的书记回忆说，2008 年 5 月 13 日上午 10 点，温家宝总理来到汉旺镇镇政府旁边的广场，向受灾的群众发表讲话，向大家保证尽一切可能抢救人员，鼓励大家要有信心，互助友爱，一定可以战胜困难。温总理在地震发生不到 24 小时的时候，甚至比部队还要早地进入汉旺，这在很多人心里都烙下深刻记忆。这充分说明，巨灾情形下，国家领导人的出现具有强大的感召力与影响力。

第六，现有应急管理体系的两点不足与建议。2008 年 5 月 12 日 2 点 28 分。汶川地震发生时，全部通信立即中断，镇干部之间基本失去联系，主要靠自发行为进行联系、组织群众抢险救灾。这与原有的预案体系有很大的差异。这些差异的来源有两个方面：（1）预案缺乏预见性。目前已有预案均是已有灾害或危机的反思、教训、经验总结，没有真正深入分析潜在危机，缺少未雨绸缪的预见能力，然而预案的宝贵之处正是其预见性，将危机化解在萌芽状态，或者做出充足准备应对危机的发生。（2）预案缺乏可操作性。预案缺乏可操作性，使得预案完全成为一种理论化的模拟。应急预案如果脱离了实际，不但没有指导意义，甚至会误导人们处理危机的行为，带来更加严重的后果。目前预案缺乏可操作性，除了设计层面的问题，还有一个更为深层的原因，即资源的匮乏或者资源分配不合理。通常的预案没有发挥很好的实际效果，是因为资源往往被中央政府掌握，基层政府或者社区在现实中缺少相应的资源。在汶川地震中，基层政府的应急资源，例如大型发掘、切割工具不足。这可能直接导致了现实中基层政府无法进行相应的救援，只能等待中央政府的救援。

在应急体系的完善方面可以考虑：第一，总结学习国内外优秀经验，增强预案的预见性。积极吸取"5·12"地震的经验及教训，建立和完善有关地震等地质灾害的应急预案，组织人员进行模拟演练。学习国际和国内优秀预案体系，增强对潜在风险的预测，提高预案的预见性。第二，调整应急资源布置格局，将资源适度下移，增加基层组织应急资源储备。建立灵活的资源调配机制，保证在危机来临时有效调动资源，应对灾难。第三，组织人员进行预案演练。针对可能发生的洪水、泥石流、地震等自然灾害以及其他类型的社会灾害，组织专人进行模拟演练，检验和提高预案的可行性，增强大众对于风险预防和灾害自救的认识及能力。

六 基于社区资本角度的恢复重建路径

2009 年，基于社区角度的社区资本研究提出了汉旺镇在恢复重建中可供探索的四条路径，虽然有些内容略显过时，但仍然有许多建议即使在今天也具有前瞻性。

（一）经济资本：发展新汉旺

虽然从中央到地方各级政府给予灾区大量的恢复重建支持政策，但是也容易导致汉旺镇的政策依赖风险及脆弱性，甚至有些困难是无法通过单一的政策加以解决的。

原有的工业产业在地震中遭到毁灭性的破坏，随着东汽的迁走和人员的迁出，下游的各相关产业都失去了基础，社区的餐饮等服务行业也失去了收入。在调研的过程中，我们发现无论政府或居民，都将无锡工业园视为替代东汽的工业基础和非常重要的工作机会来源。因为中央领导的关注，政府和居民将经济的恢复发展和解决就业问题的希望放在了工业园区的支援性企业引入上。

但是，工业园区需要多长时间才能实现计划的吸引 100 家企业，实现每年 100 亿元的产值，还是未知数；并且工业园区招工要求 18—45 岁高中以上文化程度，优先招收香山村、凌法村、群力村村民。入驻的企业能够吸收多少本地劳动力，需要重新考虑计算。震前以东汽为龙头的机械加工产业是其支柱产业，约占 GDP 的 80% 以上，这部分的巨大损失已无法恢复。面临着时间间隔和实现程度的未知风险，不能将汉旺的生计持续性完全依托于工业园区的建设和招商引资上。

同样，地震遗址公园建设，旅游产业的规划与发展至少也需要几年甚至更长的时间才能为新汉旺的居民提供可靠的工作机会和收入来源。

根据《绵竹市汉旺镇总体规划（2008—2020 年）》的工业及旅游发展规划，结合近期社区生计及发展的迫切需求，可广泛结合和利用社会资源，探索社区生计及发展的多样途径，减少对工业和旅游规划发展的现实依赖。拓展社区生计途径多样性，将生计政策依赖与社会资源相结合。在汉旺新镇产业复苏规划的基础上，充分结合内部与外部的资源互补性，减少政策依赖的风险，以及规划推进的时间滞后性影响。同时，考虑到单一的产业结构和发展无法在短时期内带动汉旺镇的整体生计能力，应该考虑多样化的生计途径，根据不同社区和村的现实条件和汉旺规划，与村民和地方政府一同计划和实现各具特色、多样性的生计。例如东普村具有家畜养殖的传统，新开村有食用菌种植的基础和技术和沿山旅游基础，群新村靠近新县城和规划中的旅游接待中心，新城社区蕴含着商业、服务业的需求，等等。可以从以下几个方面探索实现社区发展型的新汉旺：小额贷款、劳务输出、信息化技术支持、家庭工坊/社区企业、职业技能培训、社会资本支持与拓展、社会企业、合作社、互助小组、生计与就业促进，等等。

（二）社会资本：和谐新汉旺

从就业、社区服务、社会支持等方面给予弱势群体全方位关注，例如儿童、老人、女性、伤残居民等群体。具体路径有：

第一，加强社会组织嵌入汉旺各社区服务。在新城社区规划了社区服务中心、养老院、文体活动中心等公共服务设施。城镇公共设施中心按两级布置，分为城镇中心和社区中心。城镇公共中心分为镇区公共活动中心和旅游服务中心。镇区中心以官堰为核心，位于观山街、望江街、汉霞路和汉凌路围合的区域范围内，镇区主要的公共服务设施集中于此，包括服务全镇的商业中心、文化娱乐设施、休闲娱乐设施以及医疗康复设施等。旅游服务中心布置在重建区入口，是未来汉旺新镇休闲度假旅游的接待中心。社区中心分别在望江小区、观山小区、梁溪小区和汉兴小区设置社区中心，满足居民就近购物的生活需求，其他居住小区就近利用镇级公共服务设施。

第二，关注特殊群体。根据新城的社区服务中心规划设置相应的社区服务点和设计社区服务内容。其中将重点关注弱势群体和农村社区。震后孕妇和新生儿、返回山上居住耕种的老年人、遇难人员家属、需医疗服务的社区老年人、女性群体，等等。

第三，关注农村社区。与城镇社区不同，农村社区缺乏政府规划的公共活动空间和公共服务场所。各类社会机构可以在其中有更多的工作内容和空间。特别关注农村中的弱势群体，有很多的群体可以作为开展工作的对象。例如农村生计、环境保护、老人照顾与陪护、儿童、地震伤残家庭，等等。

第四，心理抚慰。抚慰有亲人、财产损失的灾区居民，以及缓解教师、基层政府工作人员的工作压力等。虽然地震已经过去很久，但是部分群体的心理抚慰还需要长期开展，例如遇难家属、教师、无业群体等。

第五，社区关系重建。主要是在汉旺新城中，新城规划中的各个社区已基本打破了原有社区建制的范围，保障性住房和安居房都是通过统一的标准，或通过开发商进行销售和选择，加上居住相对集中，以及居住方式的改变，新城住户需要调整适应，另外，异地安置农户的生产和生活也涉及在一个新的社区环境中的适应问题。新的安置点已经基本建成，在 2010 年陆续入住后，相关的问题将逐渐体现。社区关系的重建可以与社区公共活动结合，在丰富居民文化娱乐活动的过程中实现。几乎所有的社区和村，在震前都有各种类型村民自组织的活动和娱乐团体，例如龙灯队、腰鼓队、老年骑游队、书画协会等，有很好的传统基础，震后只有少部分得到恢复，居民普遍希望能够继续开展这些活动，恢复社区的活力。

第六，居民参与社区治理。通过参与式社区管理方式，鼓励居民参与社区日常事务的治理，可以有效缓解灾后恢复重建中的复杂矛盾与尖锐冲突。无论在汉旺新城还是在农村社区，可以预见将会产生大量的居民与企业、与地方政府之间的矛盾与冲突。在"保增长、保民生、保稳定"的思路下，进行灾后经济重建、生产和生活恢复的同时，也需要留意灾区社会矛盾的激化。例如就业与社会稳定、灾区的保障性住房分配、地震损失遗留的产权归属、占地补偿、各级政策的解释和执行、震前遗留的破产下岗职工等问题。设立相应的工作机制与内容，政府、社会组织、居民协同工作，以社会组织作为中间力量，通过居民广泛参与的方式，形成表达和沟通渠道，避免"民意堰塞湖"，做到民情有人回应，民心得以体察。

（三）物资资本：信息新汉旺

汉旺镇的硬件设施借助灾后重建政策和政府资金的支持和投入得到了跨越式的发展，但是如何能够高效地使用这些硬件设施，使其发挥更大的效用，为当地的发展服务，是摆在各级政府和百姓面前的难题。信息技术将是填补超前建设和滞后的使用能力之间鸿沟的有效途径。

未来的汉旺物资资本的建设，可以考虑将信息技术与旅游产业发展以及地震遗址开发相结合，汉旺旧城进行数字虚拟复原。通过手机、社区信息终端，为居民提供生计就业方面的信息服务；建设社区数字图书馆和信息浏览服务；与产业规划相结合，辅助招商引资和产业发展；提供远程医疗等社区服务；为弱势群体，如老年人、残疾人等提供社区服务信息终端；等等。

（四）自然资本：绿色新汉旺

汉旺镇可联系相关部门和国际机构，逐步实施新汉旺重建过程中的低碳经济发展和低碳生活方式。所谓低碳经济，是在可持续发展理念指导下，通过技术创新、制度创新、产业转型、新能源开发等多种手段，尽可能地减少煤炭石油等高碳能源消耗，使用清洁能源，减少温室气体排放，达到经济社会发展与生态环境保护双赢的一种经济发展形态。发展低碳经济，一方面，是积极承担环境保护责任，完成国家节能降耗指标的要求；另一方面，是调整经济结构，提高能源利用效益，发展新兴工业，建设生态文明，实现灾后重建经济发展与资源环境保护双赢的必然选择。

在《绵竹市汉旺镇总体规划（2008—2020年）》中，规划了山区自然生态旅游区、地震遗址旅游区、坪坝生态休闲旅游区、新镇度假休闲旅游区四大旅游特色区和沿山旅游带。依据此规划，可结合九顶山自然保护区、紫岩山自然保护区，加强对自然保护区的生态保育力度，大力发展林果业。在生态容量允许的条件下适当开展旅游休闲活动，成为汉旺镇重要的自然生态保育区。开发中应注重对区内自然生态资源和人文资源的保护和合理使用，一方面，山区内开展生态休闲游，强调生态和文化、休闲的结合，可发展集登山、健身、宗教、度假为一体的特色旅游线；另一方面，沿山地段积极开展农家乐等都市农业休闲产业。

同时，探索碳交易和清洁发展机制。取得国家相关部门的许可和认证，发展碳汇林业，或通过清洁发展机制等方式取得国际融资。

第三章　社工视角：灾后社区
服务模式初探

　　社会工作者是政府之外，促进社会和谐稳定，保持社区建制稳定，解决人民群众困难的重要力量。尤其是灾害发生后，社会工作者所秉承的"助人自助"的核心工作思想，与灾害应对所倡导的"自救互救"理念高度一致。而公平正义、以人为本的社会工作精神更是灾区社会服务所迫切需要的原则。汶川地震不但推动了中国社会组织和志愿服务的快速发展，也促进了中国专业社会工作在灾害应对领域的广泛探索。但是我们也看到，社工不是治疗社会疾病的万能之药，尤其是灾害冲击背后社会矛盾的复杂性，使得灾害社会工作的无力感非常明显。汶川地震发生以来，社会工作者和学者们都在思考中国灾害社会工作的经验与适应策略。本章将从社会工作者的角度来探讨灾害治理，我们将这个视角称为灾害社工视角，我们选取了中国灾害社工实务启动初期的一个社工团队的工作经历作为研究样本，主要讨论的问题是社工在灾害应对中的服务模式。

一　灾害社工

（一）中国社会工作

　　中国社会工作的发展不同于西方。西方的社会工作的路径是从"社会化"到"制度化"，即"助人实践—专业教育—职业服务"这样一种自下而上的路径，而中国的社会工作发展路径则是从"制度化"到"社会化"的过程。中国社会工作开始于1987年，教育部将社会工作正式纳入国家普通高等学校的社会科学本科专业目录。直到2008年之前，中国的社会工作发展以专业教育为主轴。2006 年，《中共中央关于构建社会主义和谐社会若干重大问题的决定》文件中就明确提出要"建设宏大的社会工作人才队伍"，可见社会工作人才的培养属于我国重要的人才战略储备（柳拯、黄胜伟、刘东升，2012）。2008 年汶川地震发生后，为了提升专业教育水平，使其能够满足专业实践的需要，中央及各部委密集出台各类政策，极大地推动了中国社会工作专业化的发展，例如 2010 的《国家中长期人才发展规划纲要（2010—2020 年)》明确将社会工作人才作为国家重点发展的六类人才之一，2011 年的《关于加强社会工作专业人才队伍建设的意见》，以及 2012 年的《社会工作专业人才队伍建设中长期规划（2011—2020 年)》，为中国社会工作从教育实践向职业实践转变提供了坚实的政策环境。

　　就某种意义而言，汶川地震推动了中国社会工作制度化、职业化、本土化的真正实现，所以中国的社工工作在其发展过程中，就带有深刻的灾害烙印。

（二）我国的灾害社工

　　灾害社工是什么？谭祖雪等认为灾害社会工作是指社会工作者以遭遇自然灾害或社会灾害、影响了正常生活的人民群众为服务对象，坚持"助人自助"的价值观，运用包括个案工作、小组工作、社区工作、社会行政等专业方法，提供支持和服务，帮助他们脱离危险、走出困境、恢复正常生活的服务活动（谭祖雪、周炎炎、邓拥军，2011）。

　　学者们普遍认可汶川地震是中国灾害社会工作形成的重要标志（谭祖雪，2011）。据不完全统计，"5·12"汶川特大地震发生后，有多家社会工作机构进驻灾区，大部分采用的是"高校社工＋境外社工"的典型组合模式，这与我国社会工作的发展历程相一致，我国社会工作在汶川地震之前主要以高校学科教育与战略人才储备为主，社会实践服务在汶川地震中得到极大的运用，境外社工丰富的实务经验与国内帮助对象需求的融合，有效推动了国内灾害社工的实践探索。

　　灾害社工在灾害中能够发挥哪些作用？汶川地震灾后恢复重建过程中，国内的社会工作吸收了大量境外社会工作的力量。特别是对社会工作在灾害中的角色定位和工作模式有了深入的了解。台湾地区由于与四川具有类似的地理、文化等特征，台湾地区社会工作的方式与大陆社工服务实践融合较快。大陆社工认可台湾地区社工在灾害中的角色定位和工作模式。主要为四个方面（冯燕，2008；林万亿，2002）。一是支持的角色。灾害发生时，并不是需要每个人进入灾区，社会工作者为在一线的救援队伍提供人力支持、物品支持、财力支持、专业团队支持及行政协调等支持工作，为缓解一线人员疲惫、信息混乱、资源分布不均等起到了重要的支持作用。二是需求反应的角色。受灾群众的需求巨大，差异化显著，如何将这些需求与支持方对接，社工就起到了方向需求和链接供给的作用。三是个案管理的角色。社会工作的重点工作之一就是服务于弱势群体，在灾区围绕特别困难的个人或人群提供相应的社会服务，是社会工作在灾区开展工作的专业优势所在。同时，因为社会工作的服务对象主要是人，社会工作个案管理的助人模式在这个阶段主要定位为初级的情绪支持者。四是资源整合的角色。灾害发生后，由于大量资源涌入灾区，灾情复杂，需要将宝贵的资源投放到最需要的地方，达到资源利用效率最大化，社会工作可以在这个过程中发挥资源整合的作用。台湾地区社工基于在灾害中的实践，归纳出三种典型的灾害社工模式（冯燕，2008）。一是小区家庭支持中心模式。以社区为社会基础，以家庭为服务对象，通过在社会建立社工服务站，吸纳各方资源，为灾后居民提供社会福利服务。二是项目委托重建工作模式。政府或基金会等资源提供方，通过购买社会组织的服务来为指定区域的灾民提供服务。三是跨区域方案模式。主要是针对流动性较强的帮助对象，围绕案主提供跨地区的持续服务。在承担社工服务的主体特征上，汶川地震灾害应对中的大陆社工机构主要由三类主体主导：政府主导、社会组织主导、高校主导（韦克难、黄玉浓、张琼文，2013）。

2013年4月20日的芦山地震和2014年8月3日的鲁甸地震，促进了我国社工服务在灾害中的各项能力的提升（文军、吴越菲，2015）。特别是2015年8月12日天津滨海新区爆炸事故和2015年12月20日深圳市光明新区的滑坡，社工的专业性和作为社会力量参与灾害救助不可或缺的有机部分得到政府和社会各界的高度重视（陈火星，2015；冯元，2015；马晓晗，2015；颜小钗、彭程，2016）。

尽管我国的社会工作在灾害应对中已经取得了长足的进步，但是也存在很多制约因素。在本章，我们希望通过记录一家参与汶川地震应对的社工机构的工作历程，来讨论我国灾害社工发展中的若干问题。汶川地震发生后，先后有500多名社会工作者和40多家社会工作机构在四川灾区开展工作（边慧敏、林胜冰、邓湘树，2011），如表3—1所示。本章的研究对象就是表中的香港大学北京师范大学—剑南社会工作站。

表3—1　　　　　　　部分到灾区服务的社会工作机构一览

编号	机构名称与服务时间	主要服务内容和服务地点	工作人员数	经费（万元）
1	中国社会工作协会（2008.5至今）	专业社工服务（汶川县水墨镇、都江堰、绵阳）	10人	1200
2	中国社会工作教育协会（2008.09—2010.12）	抗震希望学校社工服务行动（德阳、广元十所学校）	21人	600
3	上海—华东理工服务队（2008.7—2009.1）	通过整合社会资源，重建支持网络等手段，重建社会关系（都江堰市勤俭人家安置点）	—	—
4	上海—复旦大学服务队（2008.7—2009.1）	针对青少年和普通居民开展重建项目（都江堰市祥园安置点）	—	—
5	上海—上海师大服务队（2008.7—2009.1）	以青少年朋辈辅导为基本理念，开展社工服务（幸福镇滨河小区安置点）	—	—
6	上海—浦东社工服务队（2008.7—2009.1）	以安置社区青少年和妇女为介入点开展社区项目活动（都江堰市幸福镇翔凤桥安置点）	—	—
7	香港浸会大学、西南财大北川工作站（2009.4至今）	通过个案辅导、小组工作、社区工作等专业方法提供服务（北川县曲山镇）	2人	110
8	广元利州区希望社工服务中心（2008.5至今）	学校社会工作（广元和德阳）	10人	40
9	台湾川盟绵竹社工（至2008年底）	学校社会工作、儿童社会工作（绵竹市剑南社区）	—	—
10	安县红十字社工服务中心（2008.10至今）	综合社区社会工作（安县秀水镇）	7人	100
11	湘川情社会工作服务队（2008.5.14至今）	社会工作与心理援助（理县）	24人	800

编号	机构名称与服务时间	主要服务内容和服务地点	工作人员数	经费（万元）
12	香港理工大学水磨中学社工站（2009.2—2012）	中学生生命教育、亲子互访、教师置换、暑期课业辅导等（汶川水磨镇）	2 专职 1 兼职	60
13	香港理工大学清平乡社会工作站（2009.2）	提供轻钢生态房、文化传承、青少年发展、生计恢复、社区就业支持等（武都板房区）	4 专职 4 兼职	1100
14	香港理工大学汉旺学校社工站（2009.2—2011.2）	学生伤残康复，学校重建（汉旺）	4 人	21
15	中大—理大映秀社工站（2008.6—2011.8）	心理支持与生计（汶川县映秀镇）	3 专职 4 兼职	300
16	广东—汶川大同社工服务中心（2009.11 至今）	服务弱势群体，为民众、干部、援建工作者舒缓心理压力，提供培训（汶川县 13 乡镇）	13 人	400
17	无国界社工（2008.8 至今）	老人服务、义工培训、妇女服务、妇女羌绣培训、残障人士康复服务等（北川擂鼓镇）	6 人	—
18	绵竹青红社工服务站（2008.12—2009.11）	残疾人生计发展（武都板房区）	2 专职 3 兼职	30 万
19	都江堰上善社工服务中心（2009.10 至今）	派驻社工专业人员，提供专业咨询、培训、督导服务等（都江堰市）	13 人	—
20	都江堰华循社工服务中心（2008.6 至今）	安置板房区、提供专业社会工作服务（都江堰）	2 专职 13 兼职	100
21	广州启创水磨小学社工站（2008.6 至今）	学校社会工作（水墨镇）	5 人	已投 200
22	广州启创陈家坝社工站（2009.12 至今）	学校社会工作（北川县陈家坝乡）	4 人	160
23	广州启创绵阳市剑门路小学社工站（2011.1 至今）	学校社会工作（绵阳市剑门路）	4 人	55
24	香港大学北京师范大学—剑南社会工作站（2008.12—2011）	综合社区服务（剑南板房区）	8 专职 2 兼职	150

续表

编号	机构名称与服务时间	主要服务内容和服务地点	工作人员数	经费（万元）
25	成都青羊区社会工作研究中心（2008.5—2009.5）	救援安置、组织志愿者有序服务、援建板房、修复古物（成都西体路爱心家园安置点）	7 专职15 兼职	财政资金
26	心家园社工（2008.5至今）	儿童、青少年、老年人服务，心理干预服务（彭州）	6 专职20 兼职	66
27	香港土房子（2008.6至今）	个案心理辅导、残疾人个案工作、青少年成长、义演活动（绵竹、什邡、彭州）	5 专职2 兼职	150
28	关爱社工联盟（2008.5至今）	学生心理辅导、儿童青少年夏令营、助学、助养、伤残康复等（武都板房区）	20 专职20 兼职	20

资料来源：边慧敏、林胜冰、邓湘树：《灾害社会工作：现状、问题与对策——基于汶川地震灾区社会工作服务开展情况的调查》，《中国行政管理》2011 年第 12 期，第 72—75 页。

二　研究方法

本研究采用案例研究方法。主要是基于以下两个方面原因：第一，本章研究的问题涉及社工机构参与灾后重建这样一个复杂的体系，探讨的是运行机制，难以通过定量研究的数据统计分析方法归纳得出结果。第二，案例研究更适合探索回答"如何"和"为什么"的问题（Eisenhardt，1989；Yin，2013），案例研究方法不仅能厘清社工结构参与灾后重建是如何开展，也能深入个案剖析其中运行的机制。因此，本研究选择探索性案例研究进行社会组织参与灾后重建的机制研究。

在案例个数的确定上，本研究遵循案例研究的抽样原则，即案例研究探索性的性质决定案例个数的确定不能采用定量分析中样本代替总体的抽样原则，而是根据研究的需要，综合考虑收益与成本，选择具有典型性代表性的案例，以充分揭示与研究问题相关的研究背景、事件、因素和关系（Eisenhardt，1989；Lee，1991；Marshall and Rossman，2014；Yin，2013）。由于本章研究的是一个探索性的问题，因此采用单个案例作为研究对象是适合的。

本研究选择了剑南社区服务中心（表3—1中的香港大学北京师范大学—剑南社会工作站）作为案例对象，之所以选择剑南社区服务中心而不是其他社工机构的原因是：第一，剑南社区服务中心的运作方式是中国灾害社工发展初期典型的高校主导模式，通过连接政府、社会组织、志愿者等主体，服务于汶川地震灾后社会重建，其模式具有客观历史特性。第二，剑南社区服务中心经历了中国灾害社工发展初期的各阶段关键历程，具有中国社会组织的代表性。作为中国灾害社工早期探索者，剑南社区服务中心的整个发展过程可以说也是中国灾害社工演变的缩影。第三，剑南社区服务中心是参与了汶川地震灾后重建全过程的社工机构，这对本章剖析中国灾害社工早期发展提供了难得的观察机会。

在案例研究过程中，采用案例研究的通用程序，即确定研究问题→设计案例→研究草案→实地调研→案例分析→形成案例研究报告。为了保证案例分析的效度和信度，采用多种渠道来收集资料，以形成三角验证，主要数据来源有：第一，收集整理了剑南社区服务中心2008年11月成立以来的内部报告、工作日志、会议纪要、机构博客以及外部新闻报道等资料，帮助本研究厘清其参与灾后重建的工作历程；第二，深度访谈剑南社区服务中心内部管理者和参与社区服务的执行人员；第三，剑南社区服务中心的利益相关方，如德阳市政府、资助者、服务对象，等等。

三　剑南社区服务中心成立背景

"5·12"汶川特大地震的全面应对不仅是中国人民面临的艰巨挑战，也是国际巨灾应对领域里的共同考验。系统总结应急救援经验，全面规划灾后恢复重建路径，是一次人类携手应对自然巨灾的重要探索。剑南社区服务中心在四川德阳市剑南镇的板房区开展社工服务，该中心的服务属于典型的灾害社会工作的类型，剑南社区服务中心采取的是典型的高校社工主导模式，其实践过程，也是中国灾害社工早期模式的缩影。

（一）项目实施地简介

四川省德阳市绵竹剑南镇位于成都平原北部，北纬31°28′，东经104°11′，海拔高度591.7米，是绵竹市政治、经济、文化、教育中心。

1995 年 8 月由城关镇更名为剑南镇。

剑南镇历史悠久，人文自然景观殊胜，文化生活设施齐备，社会事业发达，是四川省历史文化名城。有闻名海内外的川西第一禅林"祥符寺"；有祭祀蜀汉诸葛亮后代诸葛瞻、诸葛尚父子英勇战死绵竹关的"诸葛双忠祠"；有南宋抗金名相张浚和理学家张栻（南轩）的"读书台""紫岩书院"；有历史悠久的国家级重点中学绵竹中学；有戊戌变法"六君子"之一的杨锐纪念馆；有成都十二桥革命烈士王干青墓；有蜚声中外的中国名酒剑南春酒类生产基地和中国木版年画四大家之一绵竹年画博物馆；等等。众多历史文化和人文景观与现代城市建筑交相辉映，使文化古镇变得更加雄伟、典雅。

剑南镇城市面积 24.7 平方公里，所辖 12 个社区居委会，总人口6.4 万余人。剑南镇镇政府地处回澜大道 328 号。

2008 年 5 月 12 日，位于中国西南部的四川省发生里氏 8.0 级强烈地震后，绵竹市死亡 11098 人，受伤 36468 人，失踪 298 人。绵竹是此次地震受灾最重的地区之一，四川地震局在地震发生前几分钟，已监测到邻近汶川的绵竹市发生了 5.4 级地震，截至 5 月 13 日 8 时，地震后发生 5 级以上余震 16 次，其中 6 级以上两次。剑南镇在顷刻之间变成一片废墟，满目疮痍，到处都在发生生离死别。

（二）剑南社区服务中心简介

国际巨灾应对经验证明，巨灾后基础设施可以在短期恢复，而社会性创伤却难以在短时间内愈合。汶川特大地震后，社会秩序如何重建，群体性心理和个体性心理如何调整，社会新旧矛盾如何调节，人们如何从地震的阴影中走出来，这些都是灾后重建的巨大挑战。已有研究表明，地震对于人和社会本身的冲击，要花上几年甚至几代人才能修复，而灾后重建开始阶段的工作对将来重建效果起到至关重要的作用。

有鉴于此，北京师范大学、德阳市人民政府和香港择善基金会、香港大学于 2008 年 11 月 12 日共同选择了绵竹市剑南镇板房区作为项目试点单位，建立绵竹市剑南镇社区服务中心，联合社会专业力量为灾区人民提供直接服务，希望切实改善民生，维护灾区社会稳定，提高社区管理能力，实现灾后跨越式科学发展。

与其他社工组织一样，剑南社区服务中心根据剑南镇当地的灾后重建规划，从受灾群众需求出发，制定了机构的工作愿景、使命和核心价值。工作愿景是："居民拥有一个自助、互助、诚信、有归属感、充满活力、具有发展力的和谐家园。"工作团队使命是："作为居民的同行者，整合社区资源，建立互助网络，促进居民的能力建设，实现社区的可持续发展。"工作团队的核心价值是："能力建设，以人为本，尊重差异性，助人自助和社区参与。"

作为外来组织在当地提供社区社工服务，最终将会退出服务地，因此剑南社区服务中心实行项目制管理，并提出以下具体项目目标：

（1）为灾后弱势群体提供多元化、全方位的服务；

（2）促进社区康复和发展；

（3）增进社区建设能力；

（4）实现资源链接；

（5）促进公民社会发展和社会企业实践；

（6）建立探索性和示范性的社区发展项目；

（7）总结社工实践、提供政策建议，并在全国范围内推动社会工作的专业化与职业化。

社区服务中心建立后，为自己制订了三年的服务计划，分为三个阶段。

表3—2　　　　　　　　剑南社区服务中心分阶段工作计划

时间	阶段	具体工作
2008 年 11 月到 2009 年 6 月	启动阶段	工作团队顺利组建，基线调查完成，了解熟悉社区弱势群体和有能力的群体，选择社区开始试点运作，开始组建社区自助网络，社区公众参与积极性大幅提高，社区凝聚力大幅增强
2009 年 7 月到 2010 年 12 月	扩展阶段	开始辐射到绵竹其他乡镇—遵道、清平、九龙和天池的农村等社区，并覆盖整个绵竹地区，总计 51 万人。在剑南社区的工作重点也由以直接服务为主，转为直接服务与生计改善并重，引入社会企业的实践，促进整个社区的生计改善
2010 年 6 月到 2011 年 6 月	退出阶段	为建设灾后常态化社区服务同时利用社区的自助网络和社区团体，逐渐将社区服务中心的工作转移到居民手中，实现本地化的可持续发展

四　剑南社区服务中心服务回顾

剑南社区服务中心从服务启动到服务结束，并没有按照计划实施设想的服务内容，这与灾区情况的复杂性以及需要适应当地灾后重建需求有关。剑南社区服务中心的工作实际上分为三个大的阶段（启动阶段、扩展阶段和退出阶段）和六个小的阶段（前期准备阶段、服务启动阶段、全面展开服务阶段、拓展辐射阶段、板房拆迁服务阶段和常态社区服务阶段）。三个大阶段和六个小阶段的对应关系如表3—3所示。

表3—3　　　　　　　　剑南社区服务中心实际工作阶段

时间	阶段	具体工作	小阶段
2008年11月到2009年8月	启动阶段	在香港大学等机构专家支持与合作下，剑南社区服务中心完成了基线调研、组建了社区服务中心、完善了社区服务中心的自身建设、启动服务并全面为受灾居民和板房社区开展康复服务	前期准备阶段 服务启动阶段 全面展开服务阶段
2009年8月到2010年7月	扩张阶段	剑南社区服务中心按照原定计划将社区服务中心的影响从剑南板房区辐射到周边乡镇，从单纯直接服务转入与生计发展相接轨的项目	拓展辐射阶段
2010年7月到2011年6月	退出阶段	剑南社区服务中心顺应板房社区变化，根据现实情况及时调整服务方向，后期重点围绕板房拆迁工作展开社区居民和居委会的活动，帮助灾民从灾后临时性社区过渡到常态性社区。为建设灾后常态化社区服务同时利用社的自助网络和社区团体，逐渐将社区服务中心的工作转移到居民手中，实现本地化的可持续发展	板房拆迁服务阶段 常态社区服务阶段

剑南社区服务中心自建立之日起，实际经历了三个大的阶段和六个小阶段。

第一阶段是指从2008年11月至2009年8月，在香港大学等机构专家支持与合作下，剑南社区服务中心完成了基线调研、组建了社区服务中心、完善了社区服务中心的自身建设、启动服务并全面为受灾居民和板房社区开展康复服务。

第二个阶段主要是指从 2009 年 8 月至 2010 年 7 月,剑南社区服务中心一方面按照原定计划将社区服务中心的影响从剑南板房区辐射到周边乡镇,从单纯直接服务转入与生计发展相接轨的项目;另一方面,剑南社区服务中心顺应板房社区变化,根据现实情况及时调整服务方向,后期重点围绕板房拆迁工作展开对社区居民和居委会的活动,帮助灾民从灾后临时性社区过渡到常态性社区。

第三个阶段从 2010 年 7 月至 2011 年 6 月,剑南社区服务中心按照原先计划和对当地实际情况的评估后选择在玉马社区金陵雅居开展服务,以推进"新型社区建设中的公众参与"为目标,从社区公共服务、家庭生计支持、社区文化发展、社区公共治理、行动研究与政策倡导五个方面开展工作,在社区主导的指导思想下开展社区重建,协助社区提高自我服务、自我管理、自我成长、自我发展的能力。增强社区拥有感和归属感,建立可持续的社区发展机制。以玉马社区为平台,推动社区、民间组织、企业与政府的合作,探索新型社区重建和可持续发展模式,并通过政策研究和倡导促进灾区重建政策的不断改进。

六个小阶段的工作历程如下。

(一) 前期准备阶段 (2008 年 11—12 月)

在正式进入社区开展社工服务工作之前,剑南社区服务中心完成了需求调研、中心社工招募和机构组织机构建设、社区基线调研、联席会议机制建设等前期准备工作。

首先是需求调研。剑南社区服务中心的缘起,是基于北京师范大学在四川灾区开展的大量政策研究工作。作为剑南社区服务中心重要专家支持团队,北京师范大学从 2008 年 5 月 16 日至 2011 年一直在四川灾区开展政策研究工作,提出了大量政策建议,在开展政策研究工作的同时,北京师范大学围绕灾后重建、社工服务、板房区社会管理、NGO体系等进行了广泛深入研究,并撰写了《汶川地震板房区社会管理问题研究》《抗震救灾中 NGO 的参与机制研究》《灾后重建中社工的角色和定位》《汶川地震社会管理政策研究》等政策报告。其中,《汶川地震板房区社会管理问题研究》基于对灾区 2003 户受灾家庭的需求调查,发现未来生计和永久性住房是最受灾区群众关心的问题，这两个问题不但是关系到老百姓切身利益的问题，也是最容易产生社会矛盾的问题。因此需要第三方社会服务和专业机构提供相应的协调和政策建议，创新性地解决问题，以保证灾后重建工作平稳过渡，为灾后社会重建做出有益的探索。剑南社区服务中心正是基于前期广泛深入的研究成立的，它肩负着直接服务特殊群体、帮助居民发展生计、提供社区拆迁服务、探索社区社会重建模式等诸多重任。

其次是中心社工招募和组织机构建设。2008 年汶川地震发生时，我国还没有成熟的社工服务机构，本土的社会工作者大部分都是高校的学生。同很多当时在四川开展在地社会工作服务的机构一样，剑南社区服务中心从成都市开设有社会工作专业的四所高校中招募了 7 名社会工作专业的应届毕业生，作为第一批服务于目标社区的一线员工。同时，形成了以一名总监、两名执行总监、一名督导和一线社工为运营主体，以专家顾问团队与培训督导为知识建设支持的中心组织架构，如图 3—1 所示。在剑南社区服务中心成立之前，北京师范大学就完成了由美国、加拿大、中国香港、中国台湾等国家和地区高校和社工机构的专家组成的专家顾问团队的建设，培训督导由来自台湾和香港地区的资深社工担任。2008 年 11 月 11 日，剑南社区服务中心正式成立。当天，德阳市市长、绵竹市副市长以及北京师范大学和香港大学的负责人出席了在四川德阳市绵竹中学板房教室举行的"德阳市绵竹剑南板房区社区服务中心"揭牌仪式，标志着"德阳市绵竹剑南镇板房区社区服务中心"正式成立。2008 年 11 月 28 日至 12 月 15 日，中心人员前往成都和剑南镇板房区开展社区服务前期筹备工作。2008 年 12 月 21 日至 12 月 24 日，基本完成社区服务中心人员配备、办公场所建设、人员住宿条件确定等社区服务中心基础建设工作。

再次是完成剑南镇社区基线调研。2008 年 11 月 14 日，剑南社区服务中心在剑南镇板房区板管委主任陪同下与板房区内居委会主任、居民等人员进行了深入的访谈和调查，为社区服务的开展寻找突破口。11月 15 日至 11 月 27 日，剑南社区服务中心针对前期了解到的板房区基本情况，初步设计了剑南镇板房区社区服务行动方案。2008 年 12 月 17 日至 12 月 19 日，剑南社区服务中心培训督导（香港大学资深社工）

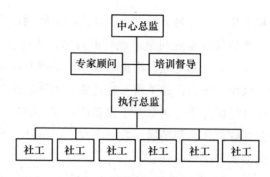

图 3—1　剑南社区服务中心成立初期组织结构

为服务中心社工开展了团队凝聚力建设培训，多伦多大学和哥伦比亚大学社会工作研究院的教授先后为剑南社区服务中心的工作人员进行了国际化前沿社工体系的培训。

最后是启动联席会议机制。联席会议机制作为德阳绵竹剑南镇板房区社区服务中心工作的创新模式，于 2008 年 12 月 26 日在德阳市政府大楼二楼会议厅成功召开。德阳市市长、剑南镇镇党委书记、剑南镇十一个居委会的主任、剑南社工团队、社会参与力量（香港特种乐队代表、北京社区参与行动代表和北京师范大学艺术学院的代表人）等，就剑南镇板房区当前最迫切需要解决的问题展开了讨论。首次联席会议不但加深了德阳市政府、绵竹市政府、剑南镇政府与剑南社区服务中心之间的相互理解和支持，也加深了地方政府与基层干部之间的相互理解，并加强了剑南社区服务中心和政府、社区、NGO 合作伙伴之间的紧密关系。

（二）服务启动阶段（2009 年 1—5 月）

按照计划，剑南社区服务中心成立后，在基线调查完成的基础上，应该开始了解熟悉社区弱势群体和有能力的群体，并选择社区开始组建社区自助网络。可是计划没有灾区情况变化快，在服务启动阶段，实际上的工作是根据灾区关键性需求，开展了以"暖冬行动"命名的板房社区受灾群众文体联谊活动，并在此基础上，在板房区建立了剑南社区服务中心的办公地点，同时，将一线社工根据板房区的实际需求分成了不同的工作小组。

2008 年的冬天非常寒冷，剑南社区服务中心正式成立并准备启动工作时已经临近春节。春节作为中华民族家人团圆的一个非常重要的节日，对于生活在板房的受灾群众而言，这也将是震后身心都需要得到温暖的第一个春节。各级政府也非常重视过渡安置区受灾群众的生活，要求服务在一线的党政人员，不能让受灾群众受饿受冻，并在物资配备上做了大量的工作。作为政府工作的有力补充，剑南社区服务中心决定调整计划，从温暖受灾群众情绪着手，开展社区破冰活动——暖冬行动。

2009 年 1—2 月，剑南镇政府工作人员、剑南社区服务中心以及居民一同筹备开展了为期一个半月的系列新春暖冬活动，以达到活跃板房气氛，舒展居民身心，营造欢乐轻松的整体氛围的目的。活动内容主要包括趣味运动会、新春联欢会、牛年新气象、"爱老敬老共贺新春"义工服务和除夕慰问活动。

经过暖冬行动，2009 年 2 月，剑南社区服务中心申请作为社区活动室的板房一共有 15 间，分为 7 个功能室，包括交流室（个案室）、阅览室、会议室、小组活动室、儿童嬉戏室、棋牌室、运动室。中心也完成了对社区的深入了解，同时主要完成以下五方面工作：（1）驻站督导到位；（2）讨论半年工作目标和计划；（3）理顺日常工作流程；（4）增加社工外出学习和交流机会；（5）建立内部讨论学习机制。剑南社区服务中心最终确定了工作重点与方向，成立一站式中心服务组、社区居民能力建设组、与居委会同行小组、联席会议推动组，并在此基础上进行细化分工。中心组织结构调整如图 3—2 所示。

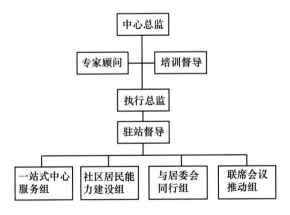

图 3—2 剑南社区服务中心启动阶段组织结构

（三） 全面展开服务阶段（2009 年 5 月至 2010 年 6 月）

这个阶段是剑南社区服务中心链接各方资源，全面展开服务的阶段。2009 年 5 月至 2010 年 6 月，社区服务中心依据工作计划全面展开服务，充分发挥社工直接服务者、资源链接者、推动者、协助者的角色力量，不仅直接为服务对象提供服务，组织各类社区活动，还通过链接各方面资源为灾区服务。

剑南社区服务中心的四个社工服务组也有条不紊地开展计划中的工作。

一站式服务中心组完成了社区服务中心建设，包括服务个案、各种记录、活动室管理等，做好社区服务中心资料的整理与收集、办公环境维护与运行、活动室的建设与利用的相应服务；编制绵竹市居民资源手册，并协助完成社区服务中心社工手册，形成社区服务中心各种制度规范 12 余项。

社区居民能力建设组为地震受灾居民提供直接服务，尤其是对地震孤儿、丧子家庭的陪伴和哀伤辅导工作；为提升居民能力，推动居民参与，组建了"理发义工队""妇女合作小组""出行服务队""小风车青少年义工队"；成功开展了"社区媒体行动""社区课堂活动""RTP幼儿教师培训活动""国际象棋夏令营"等小组活动，举办"国庆红歌会""迎新春送祝福"等大型社区活动，并通过链接国内外资源，丰富社区居民日常生活，例如请加拿大的国际马戏行动组织——无国界小丑带来为期四天的马戏演出。

与居委会同行小组作为剑南社区服务中心的一个特色服务，主要任务是协同居委会做好日常工作，更好地为社区服务。如板房搬迁协助入户调查、协助召开茂泉村房屋重建协调会，并举办绵竹市级机关及基层女干部"安心自在—心灵减压工作坊"，为基层女干部心灵减压。

联席会议推动组推动建立了联席会议交流机制（QQ 群、简报、互访），成功举办在绵 NGO 联席会议；加强与其他社会公益组织机构合作，如川北医学院、四川警察学院、鹤童紫岩老人护理中心等，为板房居民社区服务搭建更广阔的服务网络；举办社区工作研讨会，交流社区工作经验。

（四）拓展辐射阶段（2009 年 9 月至 2010 年 7 月）

拓展辐射阶段，剑南社区服务中心不仅在社区服务上不断拓展深化服务，并且在服务方向上实现突破，影响范围也在不断扩大。

第一，在社区开展各类社区活动并建立自助组织和小组。在板房社区开展为期两个月的社区课堂，包括英语、书法、绘画等培训班，并在中期穿插了家长交流会；在剑南镇和周边地区招募 9 名高中毕业生，成立"小风车志愿服务队"，在社工的带领帮助下，完成对板房区及周边长达两个月的志愿服务；等等。

第二，从直接服务到与发展生计项目相结合。2009 年 9 月，金花妇女刺绣小组成立，负责该小组的社工带领妇女们亲自设计杯垫的图案，协助妇女们购买前期需要的原材料，妇女们用自己的力量开发手工业、家政服务等，既能补贴家用，同时又促进了妇女的自我成长，并相继成立了带有职业培训性质和生计帮助的小组，如遵道镇蜀乡妇女互助中心、"梦幻家族"残障人士互助中心等。

第三，从剑南镇逐渐辐射到绵竹市的其他乡镇。经过一年多的发展，剑南社区服务中心的服务逐步辐射到周边乡镇，如金花镇、遵道镇、九龙镇、汉旺镇以及大南路社区等城市社区。在金花镇建立妇女刺绣小组；在遵道镇建立遵道镇蜀乡妇女互助中心；在汉旺小学推广国际象棋项目，将国际象棋教学作为一种帮助受灾儿童修复心理创伤的途径并融入受灾儿童的个人兴趣培养当中，影响范围不断扩大。

（五）板房拆迁服务阶段（2009 年 10 月至 2010 年 5 月）

板房拆迁工作是剑南社区服务中心在板房社区后期开展的主要工作之一，剑南社区服务中心的前期调研发现，永久性住房问题以及其涉及的拆迁、赔付、搬迁等工作是灾区居民最关心，也是最容易产生社会矛盾的问题之一。随着拆迁工作的开始，剑南社区服务中心协助板房社区居民和居委会以及基层干部做了如下工作。

第一，大量走访政府基层干部。大量走访板房管理委员会、剑南镇十一个社区居委会，了解板房拆迁过程中的问题及难点，及时帮助工作人员处理在拆迁中积累的负面情绪。剑南社区服务中心的社工多次走访剑南镇十一个社区的居委会，多角度了解板房搬迁的进程以及在这个过程中居委会工作人员面临的具体困难。在走访调查与居委会工作人员沟通和交流的同时，帮助他们及时处理了居委会工作人员在拆迁中积累的情绪方面的问题。

第二，建立"安心自在—心灵减压工作坊"。为绵竹市基层女干部等减轻在社区安居安置工作中产生的压力，尤其是因板房管理与拆迁产生的各种压力。

第三，密集走访社区居民。第一次调查走访重点了解居民对于板房搬迁、社区文化、社区治安的看法，以及板房五保户等弱势群体的直接信息，也从侧面了解了居民的社会支持系统、文化生活等。访谈中发现板房拆迁过程中最严重的是治安问题。第二次工作人员开始在大南路社区开展板房区的入户调查，此次调查主要是配合板房整体再次搬迁的具体情况而进行。此次调查走访为改善板房区的治安问题以及板房整体再次搬迁提供了很好的经验与实践。

第四，开放交流板房搬迁面临的挑战。重点拜访社区负责人及板管委工作人员，开放交流板房搬迁工作可能存在的问题。通过对各居委会的拜访，了解从居委会角度看板房搬迁存在的问题和困难，被访对象包括板房管委会主任、板房管委会办公室 2 名工作人员、10 个社区居委会、1 个村委会等，并与社区居委会工作人员开放交流板房搬迁工作的事宜，并就可能出现问题的解决措施达成共识。

第五，配合政府的二次搬迁。剑南社区服务中心也在大南路社区找到新的办公室，并进行了办公室的二次搬迁。

第六，开展安置区和安居区的社区工作。在安置区，主要以社区服务和调动社区居民关心社区为主要的工作内容展开服务。在安居区，为了发现社区能人，参与社会工作者培训，树立助人自助的服务理念，更好地为社区服务，走访邀请有兴趣的居民参加社会工作师培训班。

（六）常态社区服务暨退出阶段（2010 年 7 月至 2011 年 6 月）

剑南社区服务中心按照原先计划和对当地实际情况的评估后选择在玉马社区金陵雅居开展服务，以推进"新型社区建设中的公众参与"为目标，从社区公共服务、家庭生计支持、社区文化发展、社区公共治理、行动研究与政策倡导五个部分开展工作，在社区主导的指导思想下开展社区重建，协助社区提高自我服务、自我管理、自我成长、自我发展的能力。增强社区拥有感和归属感，建立可持续的社区发展机制。以玉马社区为平台，推动社区、民间组织、企业与政府的合作，探索新型社区重建和可持续发展模式，并通过政策研究和倡导促进灾区重建政策的不断改进。

剑南社区服务中心在震后板房过渡社区开展了近两年的工作，协助板房社区居民度过了震后生活重建、社会关系重建的艰难时刻。灾后居民在板房的生活陆续结束，但剑南社区服务中心对地震灾民的关注并未结束。可以说，从农村转入城市小区的农村人，从灾后临时性社区过渡到常态性永久社区，老百姓真正的生活重建才刚刚开始。2010 年 7 月，剑南社区服务中心随着居民进入永久性住宅搬进了位于剑南镇玉马社区的金陵雅居，继续为灾民服务，为构建灾后新型的社区服务。

第一，基础建设工作。2010 年 7 月，经过剑南镇政府的协调，申请到玉马社区金陵雅居居委会大楼 205 室作为剑南社区服务中心的办公场地，并且居委会为中心工作人员配备三张办公桌椅和一个文件柜。

第二，开展社区基线调研工作。2010 年 9 月，经过北师大等机构专家的指导，结合当地的实际情况，剑南社区服务中心设计出玉马社区需求评估问卷，并动用四川当地高校资源，链接社工系学生作为志愿者协助本中心工作人员开展玉马社区基线调研活动，此次调研根据系统抽样的原则抽出 300 户家庭作为调研对象。通过对调研结果的分析形成可行性的工作报告，初步设计了剑南镇板房区社区服务行动方案。

第三，构建儿童家庭社区的工作方案。2010 年 7 月开始进入社区，由于与社区居民还存在陌生感，同时 7 月、8 月刚好是社区学生暑期活动时间，中心通过协商构建出从儿童活动入手，再进入家庭从而进入社区的工作方案。开展了针对小学生和初高中生不同主题的夏令营活动，与社区学生们熟悉并建立关系，同时从营员中产生了金陵雅居第一批剑南社区服务中心的志愿者。

第四，组织社区节日性活动。从 2010 年 9 月至剑南社区服务中心退出，每逢中秋节、重阳节、元旦节、三八妇女节，社区服务中心都开展主题性社区活动，以此让社区居民熟悉社区服务中心的服务内容和社工们，建立起与社区居民的良好互动。中秋节组织学生志愿者送礼活动，成功地让社区服务中心、社区学生与社区家庭建立起联系；重阳节活动开展为老人洗脚服务，让老人感受到爱的存在，开开心心地度过自己的节日，同时对社工也是一次很好的体验活动；元旦节通过整合社区的文艺演出资源和商贸企业资源，文艺演出队、社区居民、社区学生、成都市金秋艺术团等参与的迎新年活动得到了剑南镇镇政府和玉马社区居民的肯定和赞扬，不仅丰富了社区的文化活动，同时还搭建起社区演出队和绵竹市演出队及成都金秋艺术团间的沟通交流平台，最主要的是让社区居民更加熟悉社区服务中心和工作人员。

第五，开展辐射服务。搬入金陵雅居后，剑南社区服务中心继续开展向外辐射的一系列服务。在评估了绵竹市残疾人需求后，社区服务中心链接资源在汉旺镇武都村建立残疾人工作坊，通过工作坊让残疾人朋友得到电焊技术的培训，并提供残疾人朋友的聚会交流平台。支持遵道镇棚花村蜀乡妇女年画协会的发展，帮助她们准备资料成功注册，并多次参与讨论协会的发展和规划。同时与剑南镇三星老人之家建立联系，中心社工定期关心在此居住的老人们，并在重阳节为老人们开展服务，让老人们老有所乐。

至 2011 年 6 月，剑南社区服务中心将开展的社区服务内容逐渐移交给社区居委会或社区居民，这也意味着剑南社区服务中心的灾区服务正式结束。

五　剑南社区服务中心的服务产出、服务效果与服务影响

社工机构提供服务的效果应该如何评价，是一个不断演进的过程，从以前只关注服务的产出，向关注服务的成效转变，近年来更是强调服务的社会影响力。在评价的方法上也是非常多，比较有代表性的方法有 APC 评估法（问责，Accountability；绩效，Performance；能力，Capacity）（邓国胜，2004）、源于商业领域的从资源、工作者发展、内部工作管理和顾客四个维度进行评价的平衡计分卡法（张程，2006）。

对剑南社区服务中心服务的评价，从三个层次加以展开，即产出、

效果和社会影响。

（一）服务产出

经过两年多努力，剑南镇板房社区服务中心基本实现了最初实施项目的目标，将产出按照机构建设、直接服务、社区康复与发展，社区能力建设、资源链接、推动社工专业发展、出版物等几方面，分别按三个阶段加以呈现，如表3—4所示。

表3—4　　　　　　　　剑南社区服务中心服务产出一览

产出类别	第一阶段	第二阶段	第三阶段
机构自身建设	1. 建立可提供多元化服务的社区服务中心； 2. 组建了一支高效、专业、充满活力且愿意为灾后重建服务的队伍； 3. 制定员工管理手册、12项管理制度	1. 制定剑南社会工作者成长手册； 2. 建立起与当地政府和其他非政府机构协同工作的良好工作网络	1. 建立起与四川及国外非政府组织的良好工作网络； 2. 重新组建四川当地高校社工系毕业的专业社工队伍； 3. 开展定期团队间沟通交流机制
直接服务	140个个案 2000次家访	221个个案 3150次家访	50个个案 300次家访
小组活动	7次，84人	6次，680人	10次，90多人
服务社区	2个	5个	2个
社区大型活动	15次，1875人	33次，4700人	5次，3000人
创造活动场所	7个	7个	4个
举办培训及讲座	6次，150人	2次，80人	2次，40人
员工培训	9次，8人	2次，8人	8次，4人
接待来访	45次	20次	3次
接待专业实习	100人次	112人次	50人次

资料来源：根据剑南社区服务中心工作记录文件整理。

从表3—4中可以看到，第一阶段的主要工作主要是机构自身建设和提供社区服务。第二阶段是社区服务和外部伙伴关系建设。第三阶段则是逐渐退出阶段。在具体服务上，剑南社区服务中心采取了大量的小组和个案的服务，比如在第二阶段，服务的个案221个，家访3150次，长期的小组活动为 6 次，尽管小组活动次数少于第一阶段，但是第二阶段的服务人数为 680 人，要远远高于第一阶段的 84 人，这也与第二阶段开始扩张服务，小组自身实现扩展有很大的关系。与当时灾区的情况有关的服务有接待来访和接待专业实习。汶川地震受到全球瞩目，剑南社区服务中心本身承担了大量的人员来访和国内外学校各类专业的实习服务。并且，由于剑南社区服务中心本身是高校发起并运营管理的社工机构，因此也具有了高校既有研究的任务，截至剑南社区服务中心退出前，共发表学术论文 12 篇。

（二）服务效果

作为社会服务组织（Social Service Organizations）的一种，社工机构同样是站在"社会服务"概念的角度来理解人类社会互助本能的组织化表达形式。社工机构的目标是预防社会成员不至于因为遭遇到某些社会风险而沦落为社会边缘人，同时修补那些不能依靠个人的能力来满足需要的人士恢复正常的社会生活，工作人员以专业社会工作者为主。社工机构以"人"的需要为服务核心，成为社会工作者的工作原则。但对于"人"的界定并不只是以往狭义概念上的直接服务对象，而是广义上的"关联利益人"。我们知道，因为理解层面和资源制约，在开展社会服务工作时，以往的社会工作往往将服务对象局限于弱势群体或边缘人群，而与其有关的社会群体和社会角色却常常被选择性地忽视了。在汶川地震灾后重建过程汇总时，本土的社工机构发现要提升受助人的生活状态，需要联合与这个受助人社会网络有关的其他主体，形成一个有效的社会支持网络，才有可能产生期待的效果。例如，在残障人士的帮助过程中，不能忽视对残障人士所在家庭给予其生存和发展的照料者帮助，尤其是心智障碍人士，照料者所面临的压力有时要远远高于被照料者本身，甚至在特定情景下，如果只将服务的焦点完全投射在残障人士身上，将会导致支撑体系脆弱性增强，反而破坏了残障人士的生存环境。正因为如此，对社工机构服务效果的评价，在以需求为导向的前提下，应该将服务对象扩展到包含直接服务对象在内的相关联的其他人群，例如政府机构、资助方、社区内其他社会组织等，这些都是社工机构开展活动中的"关联利益人"。因此，在审视一个社工机构的服务效果时，不应该仅仅考察受助者的评价，还应包括对"关联利益人"的影响。

剑南社区服务中心的关联利益主体可以分为直接服务对象和间接服务对象。直接服务对象包括社区居民、特殊人群、中心社工、中心管理、资助方、板房区管理委员会和社区居委会等，间接服务对象包括中央政府、德阳市政府、剑南镇政府、绵竹市政府、妇联机构、社区其他社会组织、高校和研究机构、媒体、医院，等等。如图3—3所示。

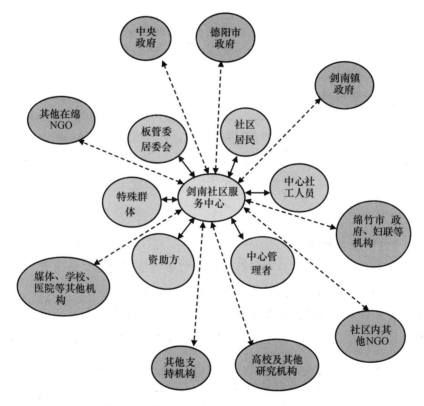

图3—3 剑南社区服务中心利益相关者关系

按照这些关联利益主体的类型又可以分为四大类：社区层面的直接服务对象、社区管理层面和政府机构的利益相关者、长期保持联系或经常提供服务的学术机构，以及有较多联系的媒体。服务概况如表3—5所示。

表 3—5　　　　　　　　　项目利益相关方服务概况

利益相关者范围	名　称	数　量
社区层面的直接服务对象	直接服务的个案数	240
	开展工作的小组数	6
	特殊群体数	4
	集中服务的社区数	5
社区管理层面	板房区管理委员会	1
	有密切工作联系的居委会数量	4
政府机构的利益相关者	经常联系的政府部门名称：民政部、四川省民政厅、四川省人民政府、国家减灾委、剑南镇政府、剑南镇团委、剑南镇妇联、德阳市政府、绵竹市政府，等等	5
长期保持联系或经常提供服务的学术机构	北京师范大学、香港大学、台湾大学、中科院	3
有较多联系的媒体	德阳电视台、绵竹电视台、今日绵竹报社、《人民日报》	3

注：表中"直接服务的个案数"指的是主动到剑南社区服务中心接受过帮助和交流的当地居民人数。

（三）社会影响

剑南社区服务中心对不同群体产生的影响是不同的，如图 3—3 所示，有的是强影响，即内圈的各方；有的影响较弱，即外圈的各方。本节将主要针对剑南社区服务中心对社区服务中心工作人员、合作伙伴、直接服务对象以及社区产生的影响展开分析，将按照逐渐升级的递进关系来描述。

1. 对直接接受服务群体的影响

剑南社区服务中心在灾后重建中的首要工作，是要服务于社区中需要重点关注的特殊人群，如丧亲儿童、三孤老人、丧子父母、残障人士、其他社区居民，等等。并在以下四个方面进行了积极的探索。

第一，缓解特殊群体因地震带来的不安全感。社区服务中心以"以人为本，助人自助"的理念为支持，在项目实施的两年里，充分关注因灾导致不适的人群，如丧亲儿童、三孤老人、丧子父母等。服务中心工作人员针对需要直接服务的群体开展的活动主要包括一些特殊个案服务、家访以及一些具有针对性的活动，如开设暑期课堂，使社区的孩子们可以在暑期接受到英语、绘画等培训，丰富假期生活。在服务中，侧重采用社工个案的方式，陪伴地震受灾人群走过这段艰难的岁月，鼓励受灾的人们重新站起来，迎接新的生活。此外，通过家访的方法，既是了解社区的主要途径，又能在家访的过程中很好地解决一些孤寡老人的问题。

案例再现——北川孤儿关怀记

一个 10 岁的女孩，从北川过来，她父亲在地震中遇难了，她大伯对她们母女不好，妈妈精神出现了问题，然后妈妈又改嫁了，她就过来投靠九龙的舅妈。心理老师要走了，她很伤心。中心的工作人员接手以后，定期的家访和与小女孩沟通、玩耍、进行一些心理放松的活动，在约半年的时间里，中心工作人员终于靠自己的努力使小姑娘又恢复了往日的笑容。

第二，带动地震受灾群体参与社区行动，在行动中肯定自我价值。治疗悲伤的方法有很多，剑南社区服务中心除了对特殊群体提供针对性的服务外，更重要的是通过带动地震板房社区的居民参与到一些志愿服务的行动中，在行动中体会志愿服务带给自己的满足感，从而肯定自己的价值，加快对悲伤的治疗。比如，开展"小风车志愿服务行动"，参与小风车的行动者全部都是经历了"5·12"大地震的孩子，带动当地志愿者服务于当地的老人，除了能够为老人带来安慰，更能帮助志愿者提高自我成就感，增强面对生活和接受挑战的信心。

案例再现 ——小风车志愿队

小风车志愿服务队的 9 名成员均是绵竹当地的高三毕业学生，趁假期参与志愿服务。剑南社区服务中心作为组织者和协助者，在充分介绍社区服务的基础上，与之探讨今后小风车们志愿服务的想法；通过团队建设，正式志愿者培训，小风车们正式上岗了。小风车志愿者在板房活动区的工作分为三块：一是与外教交流学习，在学英语的同时教外教简单的中文；二是组织篮球趣味赛，以丰富假期板房区的生活；三是调研农村老人生活现状，为社区播放电影。在为期两个月的志愿服务中，小风车表现出来的年轻人的激情和热情，敢于接受和挑战新事物的勇气很令人感动。

第三，带动绵竹残疾人朋友自力更生、学会技能，从而体现自我、激发潜能。社工习惯用积极视角去看待我们的服务对象，希望能够通过我们的行动激发服务对象自身的潜能，达到自身的发展。比如我们链接资源开展残疾人电焊技术培训，让残疾人朋友参加电焊技术的培训，学会一种技能，从而能够激发他们自己的创造力，用自己的技术去谋生。通过技能培训让残疾人朋友看到自己的进步和作用，不会对自己自暴自弃，也鼓励他们勇敢地走出去，接触世界，接触外边的专家学者和关心他们的人。也是对受助者逐步回归社会的影响。

案例再现——残疾人电焊工作坊开幕

2010 年 7 月 16 日，在汉旺的一所农家的院子里，一所新修的房子上挂着长长的横幅"剑南社区服务中心·贡德基金会残疾人电焊手工作坊"。这是剑南社区服务中心关于生计建设残障康复的又一次探索。

这个工作坊的建立得益于前期剑南社区服务中心链接贡德基金会的资源，成功介绍我们的残疾人案主赴都江堰参加电焊培训，短短半个月的培训，他们的技术还不是很精，需要有个工作坊继续熟悉他们的技术，所以经过我们中心与贡德基金会的协商和讨论，决定在绵竹建立这个工作坊。同时这个工作坊也可以作为残疾人朋友聚会的场所使用。

此次开幕式我们邀请到贡德基金会的瑞医生以及助手张老师参加，开幕式首先邀请贡德基金会瑞医生、张老师致辞，随后是我中心来帅致辞。整个开幕式过程中穿插残疾人朋友自己表演《感恩的心》、独唱《为了谁》等节目。绵竹电视台也闻讯赶来，采访了我中心社工来帅，来帅详细介绍了这个工作坊的成立背景，以及后期的工作打算，并希望这个工作坊能够惠及更多的残疾人朋友。中午我中心工作人员、贡德基金会老师与残疾人朋友一起共进午餐，把酒祝贺。此次开幕式顺利结束。

第四，为案主增权，让案主实现自我价值，让案主走出自我封闭从而影响身边更多人。社工常用的词就是"赋权""增权"。通过发掘案主的潜能，为案主提供一个合适的场合，将案主自身能力实现出来。在玉树地震发生后，绵竹市梦幻家族残疾人朋友就准备开展募捐活动，通过中心社工的协调成功举办此次活动。不仅实现了残疾人朋友自身的价值，同时带动了绵竹市更多的居民踊跃捐款。

案例再现——玉树地震募捐活动

2010 年 4 月 14 日，青海玉树发生了 7.1 级地震，作为经历过地震的绵竹人来说，心情都很沉重，因为他们知道地震带来的伤痛。同时他们也知道四面八方好心人对他们的资助是对他们最好的安慰。所以在地震发生后的第六天，绵竹市梦幻家族的成员找到了我们中心的社工，希望我们社工能与他们一起做这次募捐活动。通过社工与梦幻家族成员的共同努力，在绵竹市中心广场开展了募捐活动，短短的一个上午就募得资金近 2 万元，我们将所得善款全部捐给红十字会，由绵竹市红十字会捐给玉树县红十字会。

2. 对社区的影响

为直接帮助对象营造良好的社区环境，也是提升服务对象生活状态的关键工作。剑南社区服务中心从以下四个方面推动社区支持网络的建设。

第一，丰富板房居民生活，营造社区和谐氛围。剑南社区服务中心成立之初开展的"暖冬行动"、举办迎国庆红歌会、播放露天坝电影、链接加拿大的国际马戏行动组织、无国界小丑组织为板房居民带来为期四天的马戏演出，等等，很好地支持遭受地震重创的居民在温暖的氛围中度过在板房区的日子，丰富了板房区居民的生活；同时，社区服务中心在组织好社区居民活动的同时，也注意与社区居委会、管委会的沟通协调，协助社区居委会管委会工作，很好地搭建了居民与居委会的沟通平台，促进了社区和谐氛围的建设。

案例重现——社区放快乐电影

在板房区播放电影的服务主要是由剑南社区服务站推动组建的社区志愿者小风车团队来组织实施的，每到放电影的当晚，居民们都会早早地搬着凳子"占据"有利位置。热心的居民不仅帮小风车们搭好设施设备，维护现场秩序，还主动向组织电影播放的志愿者推荐大家可能喜欢看的电影。

第二，培育了多种多样社区组织，提升了社区的自我管理与服务能力。剑南社区服务中心秉承助人自助的社工理念，在重视由社工带给社区良好感受的同时也注重培育社区自己的组织，帮助建立起自主组织以提高社区自我管理与服务的能力。比如组建小风车志愿者服务队，组建小蜜蜂出行服务队，建立金华妇女刺绣小组、梦幻家族等，居民在自主组织中实现自我服务与成长。

案例再现——小蜜蜂出行队的冯师傅

小蜜蜂出行服务队是在剑南社区服务中心社区居民能力提升组的推动和组织下成立的，服务队成员来自绵竹志愿者。遵道的冯师傅就是这样一位坚强能干的人。他最爱的儿子在地震中遇难了，孩子各方面都很优秀，马上就要升入大学，地震夺去了儿子年轻的生命，冯叔在震后半个小时便第一个赶到汉旺中学，但等待他的却是儿子冰凉的身体。之后的半年里，冯师傅家里连续失去了两位亲人。重压之下，冯叔没有放弃生存的勇气，勇敢地挑起了家里的重担，他在灾后强忍悲痛，做志愿者，为救援的解放军开车，他精湛的驾驶技术和勇敢善良，令英勇的解放军敬佩不已。作为出行队的一员，冯师傅在震后两年多的时间里一直坚持小车拉客，许多人都接受过他的热情服务，有受到他关照的小车师傅，有半夜请他送孩子去医院的乡邻，有来自海内外的朋友。给他打电话的人，亲切地叫他"冯师傅"，请他到机场接机，很多人都是冯师傅的老朋友口口相传找到他帮忙的。出行工作也帮助冯叔一家增加收入，目前冯师傅家又添了一个新成员，可爱宝宝的出生带给这个家庭更多的快乐，也带来了希望。

第三，丰富新成立社区金陵雅居居民的文化生活，增进社区互动融合。剑南社区服务中心针对金陵雅居的特殊情况（六个村失地安置农民合并成的社区），开展系列活动，旨在帮助社区居民融合和丰富社区的文化生活，同时通过系列活动建立社区服务中心和居民间的良好互动。

案例——居民迎新春活动

由玉马社区搭台，剑南社区服务中心牵头，剑南社区服务中心组织整合社区的文艺演出资源和商贸企业资源，辖区文艺演出队、社区居民、社区学生、成都市金秋艺术团等参与的迎新年活动搞得热热闹闹。节目内容包括感谢党和祖国，感恩江苏援建者，感谢南京建设者以及宣传爱护城乡环境、喜迎新年等节目。四川省绵竹市剑南镇金陵雅居是"5·12"汶川地震后四川灾区建起的最大规模集中点，住进了5000多名社区居民。

第四，通过孩子实践活动影响社区居民行为。都说父母是孩子最好的老师，也是孩子的榜样。反过来孩子的行为也是可以影响家长乃至整个社区的。社区服务中心动用社区服务中心学生志愿者资源，通过学生的一些良好行为在社区中产生影响，从潜意识改变居民的一些不良行为。

案例再现——社区环境我做主

根据居委会和金陵雅居居民的反馈，金陵雅居的环境卫生一直得不到改善，因为都是以前自然村的村民形成的社区，村民没有将垃圾丢入垃圾桶中的习惯，导致社区这一状况。社区服务中心社工通过观察发现这个社区确实存在这样的问题，我们社工在儿童活动中就设计了这个环节，通过孩子捡垃圾行为影响社区的居民。

3. 对合作伙伴的影响

剑南社区服务中心对合作伙伴的影响的表现形式比较特殊。一方面，他们与合作伙伴共同开展工作；另一方面，从某种意义上来讲，他们也为合作伙伴提供服务。服务中心在当地的合作伙伴包括政府机构与非政府机构。政府机构主要是指当地政府，如剑南镇政府、社区居委会等。非政府机构主要有"运动机会（儿童乐益会）""金花刺绣小组""残疾人梦幻家族""特种乐队"等组织。对各合作伙伴的影响主要包括以下三大类。

第一大类，剑南社区服务中心对政府系统的影响。一是使政府系统开始关注类似于社区服务中心在灾后重建中的作用。二是比较有效地协助社区居委会开展工作。三是当地的一些政府部门肯定了剑南服务中心的工作，并表示希望政府能支持类似的机构。四是中央部委开始关注灾后社会重建的模式及支持政策。

第二大类，剑南社区服务中心对其他非政府机构的合作伙伴的影响。一是为有意愿提供服务的非政府机构搭建了很好的资源平台。如在"金花刺绣小组"与"残疾人梦幻家族"之间，服务中心就起到了很好的桥梁作用，安排"残疾人梦幻家族"参加了"金花刺绣小组"开展的绳结编制培训并提供了一定的资金支持，既很好地利用了刺绣小组的优势，又满足了梦幻家族的需求，充分利用和发挥了合作伙伴的优势并使合作伙伴间形成了工作网络关系。二是链接非政府机构资源解决案主需求，实现非政府机构价值。如梦幻家族有一批残疾人很想学习一种技能用来工作，恰好贡德基金会有个项目可以培训残疾人朋友电焊技术，于是将资源利用起来，推荐梦幻家族成员参加。成都风雅堂公司准备在绵竹开办残疾人加工厂，我们将此资源与国际助残机构联系起来，推荐我们的案主参与其中，实现三方资源共用。三是促进非政府机构间的交流互动及合作。在剑南社区服务中心推动下成立的绵竹NGO联席会议很好地实现了这一功能，促进在绵竹的NGO间的相互学习和借鉴，并为NGO的员工提供放松、学习的机会。

第三大类，剑南社区服务中心对川内及川外高校的影响。一是每年接待来自香港大学、台湾大学、北京师范大学、西南财经大学青年领袖夏令营营员实践，介绍服务中心所在社区基本情况，为青年领袖夏令营营员提供社会企业想法的实践地，激发营员的潜能，影响营员的社会认同。二是在新型社区玉马社区开展工作以来，多次接待省内高校社工专业实习生开展社会实践，让他们用自己所学服务于社区民众，同时实践社会工作的工作技巧和方法，增强对社会工作专业的认同感。同时中心努力打造成为社工专业实习基地，促使更多的社工系学生在这里增加对社会工作的了解。三是中心工作人员参与各高校志愿者团队的分享活动，将中心社工服务方法和技巧以及社区服务的经验与各高校志愿者团队分享，让志愿者团队从中得到反思，从而能更好地进行社区服务。同时也能将社工理念及工作方法进行推广。

4. 对社会的影响

准确地说，剑南社区服务中心不仅仅是一个专业的社区服务中心。因为剑南社区服务中心不仅具有一般社区服务中心的特点，其对社会的影响也超过了对服务社区的影响。中心对社会的影响主要体现在以下几点。

第一，搭建了政、企、社、学多元参与的资源平台，为灾后重建研究提供了宝贵的研究基地。由于其主要管理机构是北京师范大学，因此与传统的社区服务中心不同，剑南社工服务中心有敏锐的学术研究视角。中心自成立之日起，就在不断地对灾后社区的特点进行研究，希望能总结和发现更多的关于灾后社区重建的经验。除此以外，中心还支持了其他学术研究机构，如四川大学、香港大学等多家机构。当有人问服务中心现任驻站督导，接待这么多的研究任务是不是觉得很累的时候，她回答说："累肯定是累了，而且有的时候会影响我们的日常工作，但我们把这看作我们中心工作人员学习与成长的机会，也把接待这些研究任务看作我们的使命和分内的工作。"

第二，提升了当地居民的志愿意识和志愿者精神。社区服务中心发现仅仅靠自己的力量是不能扩大受益群体的，因此，为了使周边其他社区的一些机构，如养老院等也能接受到一些服务，服务中心组织培育了"小蜜蜂""小剪刀""小风车"等义工队，给他们开展关于如何进行志愿服务的培训，与他们一起参与到"三星老人社区"的服务中去，并获得了老人社区管理人员和老人的一致好评。他们还定期组织"小剪刀"义工到老人社区为老人提供义务理发、打扫卫生等服务，或者与其他义工队一起开展老人的出行服务等。

第三，在绵NGO联席会议机制，增强了当地非政府机构间的沟通、合作、交流与对话，促进了在绵NGO的活跃，提高了NGO的影响力。从2010年3月起，剑南社区服务中心发起了在绵NGO的联席会议活动,在地方政府的支持和友诚基金会的协助下,每月由一家 NGO 主持并组织一次在绵 NGO 的交流会议,旨在加强 NGO 间的沟通与资源分享。第一期的联席会议就有近 20 家 NGO 参加,取得了较好的效果,虽然后来由于资金问题和原来负责联席会议的员工离职等原因,联席会议机制推行得并不顺利,但至少为活跃在绵 NGO 的工作,起到了积极的推动作用。

案例再现——可持续的联席会议机制

2010 年 12 月 6 日,在绵竹市政务中心举行了绵竹市在绵志愿者团队第七次联席会议,在联席会议中,绵竹市人民政府副秘书长、政务中心主任彭哲斌在主题演讲中讲到联席会议的由来,特别提到 2009 年 3 月,在绵 NGO 联席会议由北京师范大学老师们和剑南社区服务中心发起,延续至今已经召开了第七次会议,并且表达了将联席会议继续召开下去的决心,号召在座 NGO 团队讨论形成并签署公益组织联席会议联合决议。可见,由剑南服务中心发起的 NGO 联席会议作为 NGO 与政府部门交流的平台,作为在绵 NGO 相互沟通与协助平台是受到肯定的。

第四,社工社区服务的模式,为当地居民和居委会的管理人员在社区建设和管理中提供了可借鉴的模式。专业化的社工社区服务对中国的城市社区来讲也是最近这十多年才出现的事情,中国的社工社区服务起步晚,而且仅局限于北京、广州等较大、较为发达的城市。对于大部分的城市,尤其是在偏远地区的城市,社工服务几乎没有。当问及社区居委会人员,以前所在的社区是否有类似的服务机构时,他们都说没有,而且,社区居民和当地政府人员均不同程度地提到社工社区服务的好处,如可以缓解居委会与居民的冲突、有利于构建和谐社区等。当问及是否愿意引入类似机构在社区进行社区服务的时候,大家都表示欢迎。可见,剑南的尝试已经使当地人认识到了专业社工社区服务的意义。

第五,新社区社工服务模式的探索,为居委会管理人员和灾后介入社区发展的 NGO 提供借鉴参考。随着灾区援建的结束,很多居民都陆续搬入永久性社区。灾后介入社区发展的 NGO 也都面临着工作计划的调整和服务地区的转移,剑南社区服务中心也不例外。中心经过评估和

134

考察，选择在新成立的新型社区玉马社区开展服务。玉马社区属于震后失地农民安置小区，中心经过需求调研总结出失地农民安置小区的一些特点，并结合自身特点做出工作计划。自从中心搬入金陵雅居以来接待了多次当地 NGO 的来访。中心工作人员还多次参加省内 NGO 交流会，将中心入驻金陵雅居以来的工作经验与同人分享，为很多灾后介入社区发展的 NGO 提供了可靠的借鉴参考。

第六，对中心本身及员工的影响。从一开始的板房区，到失地农民生活区，两年多时间的服务，工作内容多，强度比较大，促进了机构员工的能力成长。项目对机构本身及员工产生的影响可以归纳为以下几点。一是中心的知名度得到了提升。由于不仅仅局限于在社区开展工作，大量的资源链接使得中心的知名度提高，尤其是类似联席会议等活动，很好地树立了中心在同行中的知名度。在对社区居民进行访谈时，问及是否知道剑南社区服务中心或者小蜜蜂工作站，有70%的人回答说知道或者听说过（$n = 50$）。中心为员工提供了很好的实践平台。在对员工的问卷中，100%员工都认为自己的特长得到了发挥，并且认为工作可以使自己的生活更有意义。二是员工的能力得到了锻炼和提高。通过培训和"做中学"，以及同伴交流等方式，员工的能力建设得到了加强。在对员工的问卷调查中，80%的员工认为工作比较具有自主性和创造性。在对员工的访谈中，100%的员工认为自己在中心成长得比较快，得到了很好的锻炼。

六　讨论与反思

（一）灾害社工机构能够持续服务的关键要素

汶川地震后，活跃在灾区的社会组织很多，但是能够持续提供社区服务的机构却不多，而剑南社区服务中心作为一个外入型机构，能够长期驻在灾区，并运作两年多时间直到当地需求消失而完整退出，需要克服相当多的困难，例如需要解决资金、服务准入和人员稳定等方面的问题，而这些都直接关系到在灾区开展社工服务的机构的稳定性和服务的可持续性。综合分析，作为在灾后开展社工社区服务积极尝试的一员，剑南社区服务中心得以提供完整服务的关键要素在于以下几个方面。

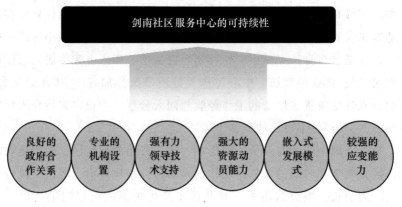

图 3—4　支撑剑南社区服务中心持续服务的关键要素

1. 良好的政府合作关系

在灾后重建的阵营中,不乏许多非政府机构,但并不是所有的机构都能获得政府的认可,甚至还有机构被政府"劝退"的现象,然而,剑南社区服务中心却和政府建立了良好的合作伙伴关系,不仅完成自身的工作任务,而且推进了有关社会组织与当地政府的合作,还进行了有效的政策倡导。总结其原因,可以概括为以下几点。

第一,主要的管理机构北京师范大学社会发展与公共政策学院深知在灾区开展工作需要获得政府支持的重要性,前期进行了大量与政府沟通的工作。

第二,中央层面的政策倡导与地方层面的实地试点项目相结合。

第三,结合政府政策,采用前期配合政府工作的策略打开局面,让政府和社区均接受机构。

第四,具有针对性的项目类型。结合板房区的社区需求,设计社区需要的居住环境改善、丰富社区生活等项目,受到社区欢迎。

第五,项目模式。选择与政府、学术机构、多 NGO 合作的模式。

2. 专业的机构设置

在灾区的其他社工服务站,由于当时可选择的人力资源的匮乏,大多数服务站的员工都是招募到的社会志愿者或者只有少数的专业社工,而在剑南服务中心,不仅主要从事社区服务的工作人员全部都是由社工专业毕业生组成,而且管理人员中也有着专业的社工管理人员。因此,在机构的管理方面，一开始就是由专业社工管理人员来负责。这也是剑南服务中心能从众多的社区服务中心中脱颖而出，并具有自己鲜明特色的原因之一。主要体现为以下几个方面。

第一，从高校中招聘专业的社工人员，将人才的就业与实习机会相结合，同时体现了队伍的专业性。

第二，采用专业的社工管理人员并实行驻站督导制度，很好地弥补了刚毕业大学生工作经验的不足。

第三，强有力的管理团队。管理团队均由相关领域的专家学者及实践者组成，机构管理人员还包括北京师范大学社会发展与公共政策学院的张秀兰院长及香港大学陈丽云教授等知名专家（均担任项目总监）。更重要的是，她们会不定期深入社区和员工中去提供必要的帮助和提出管理意见。

3. 强有力的资源、技术支持

剑南社区服务中心能取得今天的成绩与各级政府的支持和各合作方强有力的技术支持是密不可分的。如德阳市、绵竹市、剑南镇当地各级政府，北京师范大学的校领导、北京师范大学社会发展与公共政策学院各级领导、其他专家组的专家成员们，曾多次亲临服务中心指导工作或慰问员工。这些支持及其作用可以归纳为以下三点。

第一，各级各部门领导重视，提供了强有力的行政支持和保障，鼓舞了士气。

第二，除了驻站督导的驻站管理与指导以外，不定期由香港的专业督导亲临中心提供培训、指导工作，为中心的技术支持提供了强有力的保证。

第三，为员工提供外出培训和学习的机会，加强业务锻炼，提高专业性。

4. 多元的资源动员能力

与其他灾区社区服务中心或社区服务中心相比，剑南社区服务中心的资源动员能力相对较强。除了国内的行政系统支持、技术支持等资源外，在国际上也能获得许多资源，由于剑南社区服务中心专家组和北京师范大学自身的影响力，加上香港大学、台湾大学等其他名校的资源，剑南服务中心在倡导和宣传等方面也获得了许多的资源。

此外，在本地，由于专业社工敏感性和专业性，员工们自己发现了周边许多可利用的资源，如其他在绵 NGO。除此以外，员工们还自己培育和孵化当地的义工组织，如社区内的小记者团队的培养等。

剑南社区服务中心提取的经验有以下三点。

第一，充分利用国内外资源开展工作和提高员工能力。

第二，充分发现和动员本地资源，为工作的可持续性打基础。

第三，重视对外界的宣传和倡导工作，重视媒体的作用。

5. 嵌入式的发展模式

剑南社区服务中心重视灾区政府与群众的协同机制的建设——嵌入式发展模式，一方面剑南社区服务中心立足于社区需求，关注弱势群体，为社区提供直接服务、社区组织培育和能力建设；另一方面与政府工作无缝对接，弥补政府公共服务传递的不足，以及提供从下到上信息的传递渠道。归纳而言，就是要：第一，明确机构使命与宗旨，重视机构的自身建设与发展；第二，依托当地社区及居民需要开展服务；第三，重视当地政府的工作，充分利用当地政府的力量与资源。

6. 较强的应变能力

灾区灾后工作面临着许多挑战，对一个社区服务中心来说，事先的发展规划尤为重要，但是，要想在灾区的工作进展顺利，真正帮助到需要帮助的人，与当地政府、社区的发展规划及工作重点相契合，帮助解决真正需要解决的问题，就需要社区服务中心时刻保持对时事的相对敏感，适时做出调整与改变。剑南社区服务中心在 2009 年下半年，因板房区面临着拆迁的工作及难题，及时调整了方向，将工作重点放到协助板房拆迁并做好安置区与安居区社会工作，更大程度上发挥社区服务中心的价值。归纳而言：第一，社区服务中心有明确的宗旨与发展方向；第二，在不违背宗旨与使命的前提下，重视周遭环境和局势的变化，适时调整战略。

案例再现——板房区服务向常态社区服务过渡

剑南社区服务中心在板房区的服务接近尾声时，随着居民陆续从板房区搬出，中心也面临是否需要继续在灾区服务的抉择。如果从最初的中心战略来看，是可以结束项目服务的。但是当地迫切需要中心能够在绵竹市剑南镇玉马社区，为社区内的失地农民提供社区融合服务。

绵竹市剑南镇玉马社区是"5·12"汶川特大地震后形成的新社区，主要由震前涌泉村、射箭台村、月亮村、石河村、福田村及玉马村这六个村落的迁移人口组成。社区位于绵竹市景观大道，总建筑面积为168142.26平方米，共有居民楼42栋，住户1706户，总人口5000人，由于社区二期工程刚建设完，陆续有人搬入，目前社区只统计出以前福田村搬入人口情况：18岁以下居民300人，18—60岁1153人，60岁以上老人517人，残疾人15人。

该社区对社会工作的探索具有重大意义。因为该社区是异地重建永久性安置社区，社区人口众多，矛盾突出，在震后社区形态中非常有典型性，地震前后社会与经济形态发生巨大的变化，有巨大的空间张力。同时也是城市化进程和城乡统筹发展过程中农村散居生活向城市集中社区居民生活转变的代表，社区建设具有非常重要的实验和探索价值。"玉马人"项目将以推进"新型社区建设的公众参与"为目标，从社区公共服务、家庭生计支持、社区文化发展、社区公共治理、行动研究与政策倡导五个部分开展工作，在社区主导的指导思想下开展社区重建，协助社区提高自我服务、自我管理、自我成长、自我发展的能力。增强社区拥有感和归属感，建立可持续的社区发展机制。以玉马社区为平台，推动社区、民间组织、企业与政府的合作，探索转型期社区重建和可持续发展模式，并通过政策研究和倡导促进灾区重建政策的不断改进。

剑南社区服务中心最后决定，调整服务模式，入驻玉马社区开展新型社区服务。在入驻后的四个月时间里，剑南社区服务中心完成了前期基线调研、先期试点服务，并成功举办了两次社区活动。中心根据基线调研情况，与专家讨论制定出新的服务规划——《玉马人：转型期的绵竹市剑南镇玉马社区建设规划》，服务于灾后重建的常态性社区。

在持续的服务过程中，剑南社区服务中心也面临几方面显著的困难。

首先，社区重建作为系统工程，需要社区居民的参与。

社区重建是灾后重建安置区和城乡统筹集中居住区建设面临的重大挑战，是社会系统重建的基础，不仅是硬件，如道路、供电、供水、住房等基础设施的恢复，更是社会功能的恢复，如经济系统、社会服务、社会交往这样一些构成社区核心功能的"软件"；重建项目的可持续性是关键，重点在于社区居民的参与。他们是社区的主体，是重建项目的拥有者。重建应该充分尊重居民的意见，促进他们的参与，才能使项目具有可持续性。

其次，社区治理缺乏，社区管理能力需要提高。

玉马社区居委会的设置，当时仍然在筹备期。社区党委书记由剑南镇的副镇长兼任，无社区主任，12个社区居委会筹备委员会的委员由原来6个村的村支书与村长担任。社区公共事务的治理机制还很薄弱，居民参与少，参与程度低。社区居委会工作人员没有社区服务与管理的实践经验，目前多忙于日常事务的处理，公共事务管理能力需要得到提升和加强。

再次，玉马社区迫切需要社区重建的软性支持。

灾后重建工作往往重视对社区硬件的投入，例如道路、桥梁、房屋等，但是缺少对软件的关注，例如社会服务、社区关系和社区认同。尤其是玉马这样六村打乱合并，整体失地异地安置的灾后新社区，地震不仅破坏了他们原有的家园，更直接破坏了他们原有的关系网络。震后异地永久安置，原有的土地也被征收，他们由传统的农耕生活转为城市社区集中生活。生活地点的变迁，生活方式改变，邻里关系打乱、生计来源、环境健康、社区管理等问题都或多或少地给社区居民的生活和精神带来了冲击和影响，严重的情况可能导致社区长期处于冲突之中。

中心2009年9月的社区基线调研数据显示（发放290份，收回有效289份，占总人口的25%），44%的居民交流方式为家门口聊天，只有7%的居民会串门聊天，从没参加过社区活动和认为社区没有组织活动的有82%。

最后，社区居民对社区公共生活关注度高。

通过社区基线调研发现，社区居民对社区公共生活关注度较高，并且希望可以参与社区一些发展项目的决策。可以对居民进行正向引导，推动他们参与社区公共事务治理，实现居民自我服务、自我管理的目标。中心调查显示，89%的居民表示不清楚或是完全不了解本小区规划，51%的人认为应该是居民被召集起来商议，共同决策社区发展项目。

根据玉马社区实际的需求和现实的挑战，剑南社区服务中心决定将工作重心调整为以下五个方面，以凸显社区服务在其中的价值。

第一，社区公共服务。一是社工关怀。为社区孤寡老人、残疾人、丧亲等弱势群体提供个案、团体与家庭探访服务，以陪伴者的角度关心他们的生活，倾听烦恼，寻求资源帮助他们，满足该群体爱与归属的情感需求，发掘他们的能量，适时促进他们参与社区建设。二是社区环境改善。居民的个人环境行为、对待环境的态度及环境的现状冲突，都对社区的管理产生了很大的挑战，项目将在玉马社区实施环境健康建设计划，优化社区的管理结构，改善社区环境健康状况，提升社区的环境自治管理能力。三是社区活动中心建设。与社区居委会配合，利用社区居委会一楼空房间建设室内社区活动中心，为社区居民的文娱生活提供场所，组织各类活动，活跃社区气氛，丰富居民生活，营造团结且充满生机与活力的社区。四是儿童和青少年教育。儿童和青少年是家庭和社区的希望与未来，利用课外时间针对这个群体开展课业辅导，举办各种活动，加强儿童和青少年对社区公共事务的关心，培养他们参与社区公共事务的能力，并通过他们实现社区与家庭的良性互动。

第二，家庭生计支持。恢复社区经济是社区重建与可持续发展的基础，其核心是促进就业，包括正式就业和非正式就业。项目将从以下几个方面促进社区经济恢复：有针对地劳动技能培训，促进本社区的劳务输出；引入社会企业，促进家庭妇女在家工作、获得收入；实施家庭生计小额贷款计划，鼓励家庭通过微型商业提高收入；对有严重困难的家庭提供直接救助。

第三，社区文化发展。一是建立社区图书馆。以社区图书馆为中心，推动文化和教育发展。根据社区文化教育需求丰富社区图书馆资料，完善图书馆管理设备和管理制度，带动社区居民参与图书馆管理，提高居民自我服务与管理能力；建立社区文化角，定期放映科教影片，举办科技文化知识活动和文艺作品展览活动等；与学校图书馆和其他社区的图书室建立联盟，共同举办活动。二是组建社区艺术团，推动社区文化和娱乐的发展。丰富社区文化和娱乐设施；发展社区文艺小组，在此基础上组建社区艺术团，并与其他小区的艺术团建立联盟，实现社区与外部的互动。三是建立社区媒体。通过引导居民以社区报、社区读本、社区影像等手段，追溯社区历史，寄托思忆，知晓现世，畅想未来，增进居民之间的了解与互动，也让外界了解玉马，塑造玉马社区文化，提高玉马居民对社区的自豪感，从而更加积极地参与社区公共事务。因为，没有了解就没有感情，没有感情就没有关心，没有关心就没有行动，尤其是对于儿童和青少年群体而言。

第四，社区公共治理。一是社区工作人员能力建设。如何进行社区化管理和推动村民向社区居民的生活方式转变，是基层政府迫切希望了解的内容。项目将开展社区管理方面的社区干部培训，包括社区化管理的培训、社区工作技术以及社区志愿者团队的建设等工作和相关考察，切实推动社区干部关于社区建设与管理的学习。二是社区志愿者培训。以社区项目实践为基础，为参与项目的社区志愿者提供培训。培训内容包括志愿者精神与守则、灾后重建与发展理论、社区工作理论与方法、环保/健康、生计等主题方面的工作技能等。项目将为有潜力的志愿者提供后续行动支持（种子资金），鼓励他们开展社区公共服务创新行动。三是社区管理实践。社区公共服务、社区活动中心和社区文化发展的各个项目，由居民代表、居委会代表、政府代表和外部援助机构代表共同管理，吸纳社区居民作为志愿者和工作人员，使各个项目能够在居民参与、透明、公正的程序中得到有效施行。四是鼓励和支持社区志愿组织的发展，社区志愿组织和社会创新家是发展社区公民社会的重要力量。他们的成长将有力促进社区居民对公共事务的参与，完善社区治理机制，逐步形成可持续社区。社区重建与发展小额基金为他们的社会创新方案提供资助；项目工作人员将为他们提供具体的指导。

第五，行动研究与政策倡导。一是在社区重建工作的基础上开展调查研究，总结转型期社区能力建设的经验和模式，为社会制度创新提供政策建议，并推动政策发展。二是通过学术交流、重建经验及政策研讨、论文发表等方式促进社区重建经验的分享。

（二） 灾害社工服务能够发挥作用的决定因素

剑南社区服务中心在当地的服务探索揭示，灾害社工在可持续服务的前提得到保证的情况下，想要在当地最大化地发挥社工机构的作用，还需要满足以下条件。

1. 机构核心能力应匹配灾区需求

剑南社区服务中心在灾后重建社区服务的尝试中取得的效果是显著的。在这个过程中，机构本身也表现出显著的特色。这个特色就是剑南社区服务中心的差异化优势，也可被称为核心竞争力。与其他社工机构不同之处在于，剑南社区服务中心总是把心理—社会的灾后重建联系起来看，这可以反映在他们的活动设计当中。在表3—6中可以看到这一点。

表3—6 剑南社区服务中心活动设计

工作板块	策略	基本工作内容
与居委会同行	提供培训，促进居委会能力建设	—参与居委会会议、了解培训需求及其他支持需要、完成报告 —与重点合作对象（团干部）建立关系 —链接资源
社区居民能力提升	提供直接服务 建立自助及互助小组	—残疾和丧亲家庭帮扶工作 —建立残疾和丧亲家庭自助及互助网络 —义工的培训、发展及协调 —义工和老人的匹配 —社区主题活动
一站式中心服务	社区服务中心建设 机构合作	—社区服务中心建设（个案、记录、管理、活动室） —和各个在绵竹机构合作社区编写资源手册 —与居委会合作推动改善小区环境和卫生的工作
联席会议	推动联席会议机制建立，促进绵竹各NGO之间的互助协作	—推动建立联席会议交流机制（QQ群、简报、互访）、管理机制； —在每次会议前协助预备议程，促成有建设性及有成果的讨论 —社区服务中心博客维护
驻站督导总体协调	建立和维护人际网络（政府、社区、各NGO负责人），协调各组之间的配合	走访、参加镇政府重要会议、协同社工拜访，定期总结、督导、组织社区服务中心例会

表3—6中的五大板块的内容之间很好地满足心理—社会能力建设

在不同层次的需求。震后板房区内生活的居民的需求各不相同，而活动的设计能比较好地覆盖不同层次的需求。

图3—5　剑南社区服务中心服务覆盖层次

2. 兼顾提供多元化、示范化的服务

同时满足社区服务与教学科研、学生培养、社会政策等多方面要求的紧密结合。由于机构队伍的多元化和专业化，因此在提供服务方面也可以同时满足社区服务专业化、社会化、柔性化等特点。

3. 政府、非政府机构、产业机构、学术机构四位一体合作模式

这是探索灾后重建社区服务中心如何承载服务、政策研究、经验总结得很好模式。首创政府嵌入式组织建构体系：德阳市市长亲自牵头，颁布社会重建红头文件，设立剑南镇社区社会重建试点工作领导小组，并开创性地设立社区工作联席圆桌会议机制，市县镇三级干部、专家学者、社工、居民代表共同参加。剑南社区服务中心主任由剑南镇镇委书记兼任，专业人士担任联席主任。在专业化队伍进行服务递送的同时，这种模式还有利于开展学术、政策等研究。

4. 开放性的视野和国际化的视角

为国内外各类专业性社会团体搭建平台，让他们可以发挥专长，为社区居民提供服务。例如加拿大的非营利组织"运动机会"（Right To Play）为社区里的两所幼儿园和四所小学的教师提供培训，为孩子提供

快乐教学；香港特种乐队多次到剑南做音乐治疗；北京的社区参与行动为居委会干部提供培训并致力于改善干群关系。

5. 权变的战略管理和适应型决策

机构的战略定位决定了机构的生存空间。在常态的社区中，社区服务中心就是作为政府工作的补充，关注那些平时政府工作关注不到的地方，并为需要特别关注的群体（如残疾人、心理障碍者、问题少年等）提供服务。工作的方法也主要是采用个案、小组、社区三个层级展开。但剑南社区服务中心作为在震后板房区内开展工作的机构，并没有采用常规社区站的战略模式，而是采用权变的战略管理，较好地适应了多变的板房区的现实情况。

与政府、学术机构、其他 NGO 合作的多边合作模式使剑南社区服务中心形成自己独特的模式。而且，依靠政府强有力的支持开展的"与居委会同行"等工作，使剑南服务中心不但获得了政府的认可，而且还具有自己的特点，既不像专业社工服务站那样完全局限于社区服务，也不像一些协调机构一样仅仅做一些协调工作。剑南社区服务中心利用自己的优势，既做社区服务，也做资源链接和协调，使中心"以人为本、多元服务、服务到位、模式创新"的战略脉络逐渐显现，虽然评估团队并没有清晰地听到机构管理者陈述战略定位，但面对多变的社区和形势，管理者权变的战略管理不失为一种明智的选择。

（三）启示：灾害社工是社会管理创新不可或缺的有机部分

社会管理是人类社会必不可少的一项极其重要的管理活动，是治国理政不可或缺的基本职能，尤其在我们这样一个人口众多、发展迅速的国家，社会管理任务更为艰巨和繁重，更为重要和紧迫。如何立足我国社会发展的新形势、新特点，对当前社会管理的重点、难点以及未来发展趋势开展全面研究和探索，为我国社会管理体制创新提供强有力的理论支持和智力支持，为提升国家社会管理能力和水平做出积极的贡献，是项目的重要意义所在。

经过 30 多年的改革开放和现代化建设，我国经济社会发生了巨大的历史性变化，工业化、信息化、城镇化、市场化、国际化进程不断加快，体制转轨和社会转型全面推进，当前和今后一个时期是全面建成小康社会、推进社会主义现代化的关键时期。国家发展仍处于重要的战略机遇期，可以大有作为。同时又处于社会矛盾突显的时期，面临着许多可以预见和难以预见的矛盾和问题、风险和挑战。近些年来，社会管理领域的问题不断增多，这是我国经济社会发展水平和阶段性特征的集中反映，加强和创新社会管理已经成为我国政府改革和社会发展的重要内容和重大挑战。

而且随着社会主义市场经济的深入发展，我国社会结构、社会组织形式、社会利益格局和社会管理环境发生了深刻变化。面对新的形势，传统的社会管理覆盖率不高、体制不活、手段单一的问题日趋显现，改革创新势在必行。

因此，深入研究社会管理规律，创新社会管理体制机制，努力构建与发展社会主义市场经济相适应的社会建设工作新格局，既是当前理论界关注的重要前沿课题，也是党和政府关注的重大现实问题。为此，社会管理体制的创新将是加强和创新社会管理的关键内容和重要目标，特别是探求社会基层组织社区、企事业单位等的社会管理体制创新，实现"党委领导、政府负责、社会协同、公众参与"的社会管理新格局。

在此，示范性的理论和政策研究将为我国社会管理体制创新奠定至关重要的基础。社会管理体制创新将是牵一发而动全身的工作，必须要有全面系统的路径设计，为此，相关的示范性理论和政策研究工作就显得十分必要。

剑南社区服务中心所涉及的理论和政策研究将是一个全方位的系统设计。一是通过文献研究和理论辨析解决基础范式的问题。二是探求创新主体和动力机制问题。明晰互动过程中的行为主体及他们之间关系，建立政府、企业和社会等多元主体之间在社会管理中的定位和互动机制。三是坚持从实践中来的理论创新基础。应与相关部委和地方政府建立综合性的创新示范基地建设，在解决实际问题的过程中建立政策和理论体系。

为此，剑南社区服务中心的研究成果将会为如何解决当前社会管理发展重大挑战提供有益的理论基础和实践经验。

第一，项目对于社会管理体制的界定会促进我国社会发展阶段的理性认知。

当前仍存在一系列的社会发展理念障碍和一系列新的社会问题，同时，随着人民物质生活水平的不断提高，城市居民所关注的问题更多地集中在与生活质量有关的方面，如社会福利、政府治理以及社会环境等。以公共资源、社会保障、教育、医疗卫生等公共产品的短缺为显著特征的"新短缺时代"已经来临，与人之基本生存和发展息息相关的公共事业的建设和发展滞后于经济增长与社会发展的非均衡态势日益剧烈，与人民日益增长的社会公共需要相对应的公共服务供给的短缺，尤其是日益扩大的基本公共服务供给的非均衡状态和差距已经成为经济社会发展与和谐社会建设的主要瓶颈。以各级政府为主导、私营部门和第三部门等多元主体广泛参与、多种方式并存的社会治理结构是当前和今后一个时期可供选择、比较恰当的一种社会治理模式。项目会基于国家与社会、社会治理等理论视角，进行全景式的国际比较和国内发展历史溯源。玉马社区建设对当前我国的社会变迁进行细致分析，为准确把握社会管理的时代意义奠定基础。

第二，项目把社区等基层组织作为研究的主要的层面将为社会管理创新提供可行的突破口、着力点和落脚点。

目前我国社会组织形态和社会阶层结构发生了重大变化，社会管理的对象、内容、范围不断扩大，社会管理的难度也在不断加大，但政府社会管理方式尚不能适应这种变化的要求。城乡结构、就业结构、社会阶层结构和社会组织形态发生了新变化，人员流动性大大增强，各种新经济组织、新社会组织不断增多，这既促进了经济发展，激发了社会创造活力，也必然带来一些矛盾和问题。同时，社会组织的发育和人民群众参与度也与形势发展的要求存在较大的差距。随着利益格局的深刻调整，各种利益关系更趋复杂，统筹兼顾各方面利益关系的难度加大。社会结构逐步重组，社会阶层开始分化，老市民、新市民，本地人、外地人同居一地，关系复杂，诉求多元，不仅历史上长期积累起来的深层次矛盾会凸显，而且还会出现新的社会问题和不确定因素。新老问题相互交织在一起，使得社会系统性的风险加大。所以，不同利益诉求的产生，必然要求社会管理方式的多样化。各种利益主体之间的矛盾所形成社会冲突，需要通过加强和创新社会管理体系来予以矫正。社会管理的载体和方式需要从"单位"到"社区"的转变，但是，如何建设一种新的社会管理网络和社会生活的支持网络，并对社会力量进行重新整合仍有待探索。本研究选择社区作为治理单元，致力于社会福利和社会秩序的完善。

第三，项目的研究方式创新也将为社会管理创新完善政策供给机制。

项目在研究方法上，集成实践者、研究者和政策制定者多主体、实践创新与理论研究的行动研究方法，将实践创新、理论建构和实践检验有机结合起来，通过案例行动性研究，揭示出微观机制和复杂情境，从宏观环境分析到微观机制解构，再到宏观政策修正的互动呈现，不仅有利于微观层面政策需求的表达，也会充分实现自上而下和自下而上的过程结合，修正社会创新的制度供给。

第四，项目的研究成果也将为探索中国特色的治理模式奠定基础。

近年来，全球的经验已经说明，国家与社会的关系由此前的国家治理社会变为国家与其他社会成员共同治理，国家的角色也从原来的拥有绝对权力的执政者变为一个协调者，对于将各种社会力量融入执政系统、向社会力量下放权力以及提供支持，起到了很强的协调作用。因此，治理的概念外延有所拓展，既反映出治理模式的变化，也反映出在推动经济和社会发展的过程中，国家、市场和社会之间关系的变化。这种转变更多是在发达国家出现，对于社会主义制度下的发展中国家中国而言，如何建立中国特色的治理模式还是学术界和实务界的重大问题。本研究将在治理理论的分析基础上，以公民的社会服务和社会秩序为中心，并以基层政府、社会组织为重点来探求治理模式的特征差异，特别是单位制变迁后的社会再组织化的特点以及管理创新的路径和动力机制。同时，也能为我国建立中国特色的社会主义治理体系奠定基础。

第四章　社会视角：灾后恢复
重建监测体系

恢复重建是灾害治理全流程中重要的一环。灾后重建不仅关系到灾后人民群众的生活与发展，也关系到整个受灾地区未来的政治、经济、文化发展水平，甚至还关系到整个社会的健康有序发展。对灾后重建效果的评估，不仅能及时了解灾后重建各项工作的完成进度和质量，而且也能及时调整与现实灾区建设需求不适应的建设项目，同时，灾后重建评估还能揭示隐含的社会风险，提前规避社会矛盾激化，从社会的角度，提高灾后重建的科学性和前瞻性（郑长德，2008）。

我国现有的灾后重建评估方法往往偏向于工程技术评估类型，比较容易忽视社会性评估的方法。这与我国灾害治理理念的发展过程有关，我国对灾害的认识正在从强调灾害的经济属性，向包含社会属性转变；重建主体正在从强调政府主导的方式，向政府主导、社会参与的多元主体格局转变；灾后投入项目正在从只关注基础设施建设，向兼顾社会建设转变。比如，汶川地震灾后重建就暴露出偏重物资，对人的关注少，政策取向偏向技术，灾害评估与重建评估混淆等不足（李华燊、陈蓓蓓、刘军伟，2012）。产生这些不足的主要原因在于灾后重建的指导原则，缺乏从受灾人群赖以生活发展的社区层面展开规划。

本章将以 2008 年汶川地震的灾后重建为案例，探讨从社区层面如何评估灾后重建的效果。汶川地震灾后重建评估的核心理念是"韧性社区的建设"，下文将以我们参与的某次灾后社区重建项目中期评估为例加以介绍。

一　基于韧性社区的汶川地震恢复重建监测

以往灾害研究主要关注灾害造成的物理性损失和经济损失（Burton，1993），随着社会结构稳定在人类社会发展进程中的作用越来越重要，人们着手剖析自然灾害对人类社会功能产生的影响，借用危机管理对危机的重新定义，即危机意味着危险与机遇并存，在社会学家的眼中，自然灾害在某种层面提供了重新研究人类社会系统构成、驱动机制、功能实施等的契机，因此与灾害有关的社会学领域的研究一直颇受各领域研究学者的关注（Quarantelli and Dynes，1977）。

但是在实际的汶川地震灾后重建政策调研中，我们发现外界对于灾后重建缺乏有效的工作成绩的评价机制。传统的评价体系注重实体、物理性的成果展示，即老百姓"看得见，摸得着的"的指标。而社会、经济等重建是非实体性工程，其结果无法用具体的物理指标测量，它们具有无形、不连续、难测量、受主观因素和外界因素影响大的特点。目前没有合适的机制来综合考量灾后恢复重建的工作成果。

出现这种情况主要与灾害恢复评价需要长期的观测数据支持有关系。现行的评价机制一般采用选取灾前灾后时间点（灾前的点 A 和灾后的点 B）对生产生活状况进行比较。国际上的灾害研究经验表明，恢复到灾害以前的状态并不表示灾害影响的消除。对比的基准应该是假设灾害不发生能达到的生产生活水平（status quo），如图 4—1 所示（Xiao，2008）。建构恢复重建科学指标体系，以及在此基础上的长期的数据观测对于灾后恢复重建效果的评价意义重大。

要准确地判断出图 4—1 所示的基准值，需要我们有两个同质的社区，并且要求一个社区没有遭受灾害，以其各方面指标作为基准。但是，在现实的场域中，我们很难找到在地震之前完全一样的两个社区，即使是找到了两个地震前同质性较强的社区，也很难认为后期影响两个社区发展的因素就一定是相同的。因此，我们需要换一个思路来考虑社区灾后恢复重建效果的评估。从评估的核心功能来看，对灾后重建的评估，除了具有一定的问责导向，更重要的是问题导向，即通过评估来发现问题，目的是解决问题。而灾后社区恢复重建一个重要的工作就是建

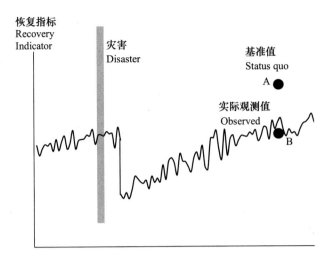

图 4—1　灾害恢复评价

设一个韧性（Resilience）社区。韧性概念并不关心社区是否能够恢复到灾前的状态，而是强调社区的"重组"能力，包括经济韧性、社会韧性、组织韧性和基础设施韧性等层面（周利敏，2016）。

二　研究方法

（一）基本研究框架

我们在 Johnson 等人提出的灾害恢复管理框架的基础上（Johnson，2009），整理了灾后恢复重建指标体系，如表 4—1 所示。灾后恢复的指标包括四个大类：物理指标、社会指标、经济指标和机构指标。每个大类包括的具体指标量度见表 4—1。需要特别指出的是，灾后的政策策略不仅限于恢复重建（Restoration），而且应该包括抗脆弱度（Resilience）的建设（Adger，2000；Ahmed，Seedat，Van Niekerk，and Bulbulia，2004；Allenby and Fink，2005；Annan，1999；Bruneau et al.，2003），例如防灾减灾和经济可持续增长（刘婧、史培军、葛怡、王静爱、吕红峰，2006）。在量度物质条件、社会生活和经济恢复的同时，也应该测量地方机构的建设，包括地方机构对风险进行管理和准备的意识及成效，例如是否有效建立乡村减灾与应急管理体系。

表 4—1   灾后恢复重建的指标体系

	恢复重建（Restoration）	抗逆力（Resilience）	调研的指标
物理指标	重建受损房屋 重建受损的商业工业设施 公共基础设施的修复及重建 物理上基本看不出受过灾害	居民住房的防灾减灾 商业工业设施的防灾减灾 公共设施的防灾减灾 环境恢复和改善	房屋重建情况
社会指标	人口恢复和增长 学校复学和教育机会 满足基本的生存需求 精神健康和身体健康的恢复	住房满足人民生活需求 社区恢复 社会关系网络恢复 社会区域平等 自力更生能力建设	居民生活恢复 信息沟通 安全和信心
经济指标	恢复就业和生计 商业恢复 历史文化娱乐设施恢复	房屋满足工业商业需求 经济多元化和市场就业增长 财富恢复和可持续改善	农业生产恢复 家庭财政
机构指标	快速地完成恢复和重建 领导、创新和长远的眼光 公共参与决策 决策能让居民和企业满意 正面的外部声誉	机构管理中适当的冗余和可持续的容量 对可持续规划的结构化和强化 财政恢复、可持续和改善 承诺对风险进行管理和准备	社区参与 救灾及重建工作评价

在实际的研究中，并不是所有的指标都能得到有效的测量，我们有针对性地选取了那些能够通过对受灾群众直接问卷调查就能获取信息的指标进行了探索性的研究，如表 4—1 所示。

（二）调研介绍

2008 年 10 月，国务院扶贫办、商务部和 UNDP 联合签署了"中国汶川地震灾后恢复重建和灾害风险管理计划"项目合作协议，除了国务院扶贫办外，商务部、民政部、住房与城乡建设部、科学技术部、环境保护部等部门，中华全国妇女联合会及其他国际多双边机构、民间组织、企业单位都以不同形式参与到项目中。四川省、甘肃省和陕西省有关单位也参与了项目的规划与实施。截至 2009 年 4 月，已累计投入 280 余万美元用于 19 个试点村的灾后整体恢复重建，涉及包括社区重建、生计和就业恢复、环境改善、清洁能源利用等，也特别注重社区减灾能力的综合建设。2009 年 8 月，北京师范大学接受联合国计划开发署中国办公室委托，成立中期回顾专家小组，对该项目进行中期回顾。我们借此机会挑选了灾后恢复重建指标中的若干指标进行探索性研究。

2009 年 10 月对地震灾区的居民进行了入户访谈，此次调研涉及 4 个贫困村，分别是四川绵阳市游仙县白蝉乡陡嘴子村、四川广元市利州县三维乡马口村、陕西汉中市宁强县广坪乡路家嘴村和甘肃陇南市武都区汉林乡唐坪村。此次调查在灾后恢复重建的科学指标体系框架方面，主要针对与项目进展情况回顾有关的几个指标，其中物理指标包括住房重建；社会指标包括居民生活恢复、信息沟通、安全和信心；经济指标包括农业生产恢复和家庭财政；机构指标包括社区参与、救灾及重建工作评价。

由于不是每个受访者都回答了调研中的所有问题，有一些指标存在数据缺失。在此报告中，我们统一用有效百分比进行数据分析。报告中提及"现在"是指 2009 年 10 月调研时的状况。

表 4—2　　　　　　　　　　参与调研的农户类型

经济水平	灾前		灾后	
	数量	占比	数量	占比
富裕户	4	5.0	2	2.5
中等户	49	61.3	50	62.5
贫困户	27	33.8	28	35.0
合计	80	100.0	80	100.0

总共有 80 位居民参与了此次调研，其中普通农户占 92.1%，村干部占 7.9%。58.8% 的受访者为男性。参与调研的居民最小的 22 岁，最大的 77 岁，平均年龄 47.5 岁。一些受访者没有上过学，受教育水平最高的受访者上过 15 年学，总体平均上过 5.8 年学。5.0% 的被访者在灾前为富裕户，61.3% 为中等户，33.8% 为贫困户。灾后，富裕户从 4 户下降到 2 户，降幅为 50.0%。从百分比看，富裕户减少了 2.5%，中等户和贫困户分别增加了 1.2%。

三　物理指标恢复

（一）房屋受损和重建情况

地震对房屋造成了严重破坏。受访者地震前所居住的房屋有54.5%在地震中完全损坏，25.3%的房屋大部分损坏需要拆除，另外有17.7%的房屋需要加固，仅有2.5%的房屋没有遭到损坏。

完全损坏和需要拆除的房屋当中，有72.9%的房屋在地震后进行原址重建，另外27.1%的房屋有村里集中重建。重建房屋有73.4%已经基本完成，已经动工尚未完成的有25%，21.9%的工程过半，仅有1.6%的房屋尚未动工。

居民对房屋重建和加固的速度和质量表示满意。对总体的重建工程进度，有89%的受访者表示满意，而在对重建工程进度表示不满意的7人当中，有6人表示工程进度较慢的原因是缺乏资金，3人表示缺乏人手，1人表示买不到建材，没有人表示是由于建材涨价或者缺乏组织能力，也没有人表示担心余震。对房屋重建质量，98%的受访者表示满意。

除了损坏需要重建的房屋以外，在需要加固的14所房屋中，有11所（78.5%）已经基本完成，1所尚未动工，2名受访者未回答提问。全部完成房屋维护的受访者对工程进度表示满意。除了2名受访者没有回答提问外，其他人均对工程质量表示满意。

贷款和政府补贴是房屋恢复与重建的主要资金来源，选择来自贷款和政府补贴的受访者分别有52.0%和45.3%，另有28.0%和24.0%的受访者表示分别来自亲友的借款和存款。没有人采取赊账或者民间高利贷的方式进行房屋恢复与重建。

总体来看，地震对受访者的居住情况造成了比较大的影响，绝大多数的房屋在地震中遭到不同程度的损毁。地震后房屋重建恢复的情况良好，大部分损坏的房屋在原址进行重建恢复，也有小部分的房屋由村集体统一集中重建。通过银行贷款、政府补贴等一系列方式，绝大多数家园受到地震破坏的受访者已经完成了房屋的重建恢复，并且对于恢复的进度和质量表示满意。全部受访者通过正规渠道获得房屋恢复重建资金，没有人借高利贷或者赊账。

（二）地震前后住房对比

地震后的住房状况比地震前略好。地震后，平均住房面积稍有增加，住房平均人数稍有下降。地震前平均住房面积为144.2平方米，平均每栋房屋的居住人数为5.2人；地震后平均住房面积达到了146.8平方米，平均每栋房屋居住人数为4.8人。79.5%的被访者认为现在的房子够住，但是仍有20.5%的被访者认为现在的房子不够住。

表4—3　　　　　　　　　　　　　地震前后住房对比

	地震前	现在
平均住房面积（平方米）	144.2	146.8
平均居住人数（人）	5.2	4.8

地震前所有受访者居住的房屋均为自家所有，而受访者现在所居住的房屋产权类型出现了分化，94.9%的受访者依然居住在自家所有的房屋当中，2.6%的受访者居住在公家提供的房屋当中，其余受访者分别居住在亲戚家或者其他人家中。

地震后，房屋类型发生改变，土坯结构平房比例降低，而比较结实的砖混结构平房比例增加。地震前，有58.8%的受访者的住房类型为土坯结构平房，33.8%为砖混结构平房，而地震后仅有5%的受访者依然居住土坯结构平房中，砖混结构平房的居住者增加到了56.3%。除此以外，单元楼房的住户比例前后持平，均为3.8%，其他楼房的住户比例由地震前的2.5%提升到了现在的21.3%。不过现在仍有7.5%的受访者仍然居住在临时帐篷当中。

地震后重建和维修后的房屋大部分比地震的房屋结实，但是仍有1/4左右的房屋不如以前结实。67.9%的被访者认为现在的住房比以前的结实，7.7%的被访者认为没有太大变化，24.3%的被访者认为现在的住房没有以前的结实。

现在房屋对居民生活的方便性基本没有影响或者使居民生活变得更加方便。44.9%的被访者认为生活的方便性没有太大变化，46.2%的被访者认为现在的住房使生活变得方便，只有 9.0% 的被访者认为现在的住房使生活变得不方便。其中，变得方便的主要原因是做饭更加方便，孩子上学变近，离医疗点近，或者购物更方便。变得不方便的主要原因是离亲戚朋友变远和一些新房没有厨房，做饭不方便。

相对于生活的方便性变化，更多的居民反映现在房屋使农业生产变得不方便。60% 的被访者认为现在的住房对于生产的方便性没有造成太大变化，18.6% 的被访者认为生产变得方便，但是，有 21.4% 的被访者认为生产变得不方便。生产变方便的主要原因是种地变方便和新修了家禽圈舍。生产变得不方便的主要原因是种地变远和缺乏家禽圈舍。没有被访者反映销售市场和技术支援的变化。

四　社会指标恢复

（一）居民生活恢复

地震对居民生活造成了负面影响。地震后一个月，在自家吃饭的比例减少了 41.9%，8.7% 的家庭从能吃饱饭变为吃不饱饭，几乎一半的家庭吃肉少于一周一次。由于饮水基础设施损坏，11.3% 的家庭在灾后饮用不太卫生的河水、溪水或者池塘湖水。地震一个月后 60.3% 的被访者感觉到上厕所有困难，36.3% 的被访者没有办法洗澡。地震还破坏了一些家庭的小家电和交通工具。

地震后居民生活基本恢复。截至调研时，97.5% 的受访者能在自己家吃饭，98.8% 的家庭能够吃饱饭，家庭吃肉频率略高于震前水平。饮水问题基本得到解决。特别是一半以上的家庭用上了自来水，比地震前上升了 20 个百分点。上厕所的情况有所好转，特别是厕所安全状况较地震前有所提高。居民的洗澡状况也较地震前有所提高。没办法洗澡的比例下降，能洗热水澡的比例上升。家庭拥有小家电和交通工具的数量基本上回到地震前水平。

居民生活恢复中还存在的主要问题有：部分居民（2.5%）仍然饮用不太干净的池塘湖水；约有 1/5 的居民仍然感到上厕所存在困难；最主要的问题是离厕所太远不方便。

1. 吃饭

地震前所有的被访者都在家吃饭。地震一个月后在自己家吃饭的比例下降到 56.8%，其他地方为 41.9%。现在基本恢复到震前水平，97.5% 在自己家吃饭。

地震前，100% 的家庭能吃饱饭。地震一个月后，8.7 的家庭不能吃饱饭。现在 98.8% 的家庭能够吃饱饭，只有 1.3% 的家庭吃不饱饭。

地震前，75% 的家庭每周至少吃一次肉，其中 5% 的家庭每天都吃肉。地震后一个月，吃肉频率降低，几乎一半的家庭吃肉少于一周一次。现在吃肉频率略高于震前水平。大与 3/4 的家庭每周至少吃一次肉，其中 7.5% 的家庭每天都吃肉，比震前多出 2.5%。

2. 饮水来源

地震前，自家井、自来水和泉水为饮水的主要来源。其中，43.8% 和 32.5% 的家庭饮用自家井水或者自来水，18.8% 饮用泉水，3.8% 饮用公用井水，1.3% 的家庭使用河水、溪水。地震一个月后，由于饮水基础设施受损，饮用自家井水、自来水和泉水的比例分别下降了 8.8%、3.7% 和 1.3%。使用公用井的比例上升了 1.2%。2.5% 的家庭改用瓶装水。11.3% 的家庭饮用不太卫生的河水、溪水或者池塘湖水。

现在的饮水来源发生了一些变化。最主要的变化是饮用自家井水和泉水的家庭下降到 28.8% 和 11.3%。而饮用自来水的家庭上升到 52.5%，比地震前上升了 20 个百分点。使用公用井的比例恢复到地震前水平。但是，还有 2.5% 的家庭仍然饮用不太卫生的池塘湖水。

表 4—4　　　　　　　　　饮水来源

	自家井水	自来水	泉水	公用井水	河水溪水	池塘湖水	瓶装水
地震前	43.8%	32.5%	18.8%	3.8%	1.3%		
地震一个月后	35.0%	28.8%	17.5%	5.0%	8.8%	2.5%	2.5%
现在	28.8%	52.5%	11.3%	3.8%	1.3%	2.5%	

3. 上厕所

地震前 11.2% 的被访者觉得上厕所有困难。困难主要集中在不安全和不方便。认为不卫生的有 2.5%。基本不存在人多要排队的情况。

地震一个月后上厕所有困难的被访者增加到 60.3%。认为上厕所不安全和不方便的有大幅度提高，分别占 24.4% 和 20.5%。人多要排队也是其中的一个困难，有 5.1% 的受访者反映存在厕所排队问题。

现在有 20.3% 的人觉得上厕所有困难，比地震前高出 9.1%。厕所的安全状况得到很大改善。只有 1.3% 的受访者认为不安全，比地震前下降了 3.7%。现在的厕所卫生状况与地震前差不多，而且基本不存在人多要排队的问题。但是，离厕所太远的问题仍然存在。12.7% 的人认为厕所太远，比地震前高出 11.4%。

4. 洗澡

地震前没办法洗澡的比例为 15.0%，58.8% 的居民只能简单擦洗，只有约 1/4 的居民可以洗上热水澡。地震后洗澡问题突出。震后一个月有 36.3% 的居民没有办法洗澡，能洗上热水澡的比例降为 10.0%。

地震后的洗澡条件得到改善。只有 11.4% 的居民没有办法洗澡，比地震前低 3.6%。能洗热水澡的比例由地震前的 25.5% 上升到现在的 35.4%，增幅高达 10.0%。

5. 住所通电

地震对住所通电造成的负面影响已经不复存在。地震前 2.5% 的家庭没有通电，地震一个月后上升到 6.3%。地震后住所通电率高于地震前水平。现在 100% 的家庭全部通电。

6. 拥有家电数量

地震前约有 1/4 的家庭拥有电冰箱，约有一半的家庭拥有洗衣机，几乎所有的家庭有电视机。地震后家电拥有数量下降，电冰箱拥有率下降了 2.4%，洗衣机下降了 2.4%，电视机下降了 4.8%。

现在家庭电视机和洗衣机的拥有率和平均拥有量基本恢复到震前水平。拥有电冰箱的家庭比震前略有增加，增幅为 6%。

表4—5 家电数量变化

	电冰箱		电视机		洗衣机	
	拥有家庭百分比（%）	平均拥有量	拥有家庭百分比（%）	平均拥有量	拥有家庭百分比（%）	平均拥有量
地震前	23.4	1.33	97.5	1.19	56.3	1.08
地震后一个月	21.0	1.38	82.7	1.15	43.9	1.07
现在	29.4	1.45	96.1	1.18	53.6	1.08

7. 拥有交通工具数量

地震前，自行车的拥有率为46.8%，平均每户拥有1.17辆。三轮车的拥有率为3.5%，平均每户拥有2辆。摩托车的拥有率为66.7%，平均每户拥有1.07辆。小汽车的拥有率为5.4%，平均每户拥有1辆。

地震后一个月内，自行车和摩托车的拥有率有所下降，而三轮车和小汽车的拥有率有所增高。与地震前比，自行车和摩托车的拥有率分别下降了9.1个百分点和2.5个百分点，三轮车和小汽车的拥有率分别上升了0.1个百分点和1.6个百分点。

现在拥有三轮车和小汽车的家庭比率和平均拥有量与地震前基本持平。拥有自行车的家庭减少了10.7%，而拥有摩托车的家庭增加了0.9%。

（二）信息沟通

地震对居民获取新闻媒体信息的负面影响基本恢复。地震发生后一个月内，可以看电视、收听广播和看到当天报纸的百分比较之地震前均有不同程度的下降。降幅最大的是能看到电视的家庭比率，比地震前下降了36.2%。能听到广播的家庭比率下降了10%。现在可以看电视、收听广播和看到当天报纸的百分比回升到与地震前相同，或者超过震前。其中，能在自家看电视的家庭比地震前增加了15%，能听自家收音机的比例比震前增加了2.4%。

地震对家庭通信的负面影响已经消除。地震前有1.3%的受访者打不了电话，现在每家每户都能打电话。地震还改变了居民的通信方式，地震后固定电话拥有率减少，而拥有手机的比率提高。

地震前后居民了解政府政策途径有一些变化。地震前、地震发生后一个月内和现在，居民了解政府政策的主要途径都是电视和政府官员（50%以上）。地震后，通过电视获取政府政策信息的比例增加了近10.0个百分点。地震前，不知道政策的居民占8.8%，地震后，只有5.0%的居民不知道政府政策。

居民表达意见的方式在地震前、地震后一个月内和灾后恢复重建期间，无大幅变化。

总体来说，地震后的信息沟通恢复情况良好。在很多方面已经恢复或者超过地震前水平。

1. 获取新闻媒体信息

地震前，居民中80.0%可以在住处看到电视，17.5%可以在其他地方看到电视，仅仅2.5%看不到电视；地震发生后一个月内，可以在住处看到电视的居民的百分比下降到了36.3%，可以在其他地方看电视的居民百分比为25.0%，有高达38.7%的居民不能看到电视；现在，能在住处看到电视的居民的百分比已经达95.0%，比地震前还要高15.0%，不能看到电视的居民的百分比为3.7%，略高于地震前。

地震前，分别有6.3%、2.5%、47.5%的居民分别通过收听自己的收音机、收听别人的收音机、听公共大喇叭的方式收听广播，不能听广播的百分比为43.7%；地震发生后一个月内，通过收听自己的收音机、收听别人的收音机、听公共大喇叭的方式收听广播的百分比分别为1.3%、2.5%、42.5%，除了收听别人的收音机的百分比没变之外，其他两个方式均有下降，不能听广播的百分比上升为53.7%；现在，通过收听自己的收音机、收听别人的收音机、听公共大喇叭的方式收听广播的百分比分别是8.7%、1.3%、50.0%，除了收听别人的收音机的百分比下降之外，其他两个方式的百分比均高于地震前，不能听广播的百分比为40.0%，低于地震前。

地震前，有8.8%的居民能看到当天的报纸，7.5%只能看到几天前的，83.7%根本看不到；地震发生后一个月内，能看到当天报纸和只能看到几天前报纸的百分比均为6.3%，比地震前本就不高的百分比还有所下降，根本看不到的比例上升为87.4%；现在，能看到当天报纸、只能看到几天前报纸和根本看不到的百分比均和地震前相同。

2. 打电话

地震后一个月内和现在，打电话方式占比最高的两种都是用手机和用家里的固定电话，地震发生后一个月内，前者较地震前上升，增加了6.3%，后者下降明显，比地震前下降了21.3%，现在，用手机打电话的家庭继续上升，比地震前增加了13.8%。用家里的固定电话通信的家庭比例略有上升，但仍然比地震前低16.3个百分点。

其他几种方式，用小灵通的百分比从地震前的2.5%降到地震发生后一个月内的1.3%，再降到现在的0；网络通信，地震前和现在都是0，地震发生后一个月内略高（1.3%），打不了电话的百分比地震前为1.3%，地震发生后一个月内为6.3%，现在降为0。

表4—6　　　　　　　　　　家里人怎么打电话

	地震前	地震发生后一个月内	现在
1. 用手机	65.0%	71.3%	78.8%
2. 用小灵通	2.5%	1.3%	0
3. 用家里的固定电话	56.3%	35.0%	40.0%
4. 网络通信	0	1.3%	0
5. 打不了电话	1.3%	6.3%	0
6. 其他	1.3%	2.5%	2.5%

3. 了解政府（灾后恢复重建）政策途径

地震前、地震发生后一个月内和现在，居民了解政府政策的主要途径都是电视和政府官员（50%以上）。其中电视途径的百分比由地震前的63.8%降至地震发生后一个月内的56.3%，再升至现在的72.5%（高于地震前）；政府官员途径的百分比由地震前的51.3%升至地震发生后一个月内的63.8%，再降至现在的55.0%（仍然略高于地震前）。

其他途径中，通过广播，报纸，亲戚和朋友了解政府政策的居民占据一定百分比（20%以下），这些途径的百分比在地震发生后一个月内均比地震前有所下降，现在又有所上升（基本和地震前接近）。通过互联网、手机短信和其他人的途径了解政府政策的居民百分比几乎为0。

不知道政策的百分比由地震前的8.8%降至地震发生后一个月内的3.8%再升至现在的5.0%，但仍然低于地震前。

表4—7 　　　　　 了解政府（灾后恢复重建）政策的途径

	地震前	地震发生后一个月内	现在
电视	63.8%	56.3%	72.5%
广播	17.5%	12.5%	18.8%
报纸	6.3%	3.8%	5.0%
互联网	0	0	0
手机短信	0	0	1.3%
政府官员	51.3%	63.8%	55.0%
其他社会组织	1.3%	0	0
亲戚	12.5%	11.3%	12.5%
朋友	13.8%	12.5%	13.8%
其他人	0	0	0
不知道政策	8.8%	3.8%	5.0%

4. 如何表达意见

地震前、地震发生后一个月内、灾后恢复重建期间，居民表达意见的方式按百分比从高到低排列为向村干部提意见、和家人交流、和亲戚朋友交流和向其他领导干部提意见。

其中，向村干部提意见的百分比由地震前的59.0%升至地震发生后一个月内的62.3%，再降至灾后恢复重建期间的59.7%（略高于地震前）；和家人交流的百分比由地震前的42.6%升至地震发生后一个月内的45.9%，再继续升至灾后恢复重建期间的48.4%；和亲戚朋友交流的百分比由地震前的26.2%升至地震发生后一个月内的31.1%，再降至灾后恢复重建期间的27.4%（略高于地震前）；向其他领导干部提意见的百分比由地震前的14.8%升至地震发生后一个月内的16.4%，再降至灾后恢复重建期间的14.5%（略低于地震前）。

其他表达意见的方式（网络、短信，向媒体提意见和集体上访请愿）的百分比几乎为0。总体而言，地震前、地震后一个月内和灾后恢复重建期间，居民表达意见的方式无大幅变化。

表4—8   如何表达意见

	地震前	地震发生后一个月内	灾后恢复重建期间
1. 和家人交流	42.6%	45.9%	48.4%
2. 和亲戚朋友交流	26.2%	31.1%	27.4%
3. 网络、短信	0	0	0
4. 向媒体提意见	1.6%	0	0
5. 向村干部提意见	59.0%	62.3%	59.7%
6. 向其他领导干部提意见	14.8%	16.4%	14.5%
7. 集体上访请愿	0	0	0

（三）安全和信心

1. 安全

总体而言，无论是地震前还是地震后，人们对于居住的外界环境、所住的房屋、饮用水以及社区治安都觉得比较安全。

地震后，对于自己居住的外界自然环境感到很不安全或不太安全的得居民比例略有上升（从3.8%上升至6.4%）。

地震后，人们觉得自己所居住的房子更安全了。对于自己居住的房子感觉比较安全或者非常安全的居民比例从80.0%上升至89.8%；觉得居住的房子很不安全或者不太安全的居民比例从15.0%下降到3.8%。这说明地震灾后房屋改建和加固取得了明显效果。

地震后的社会治安状况比地震前好。地震前3.8%的居民觉得社会治安不太好或者很不安全。现在没有人反映社会治安不太好或者很不安全。

值得注意的是，饮水安全仍然存在一些问题。地震前，94.9%的居民觉得家里喝得水比较安全或者非常安全，地震后，这个比例与地震前差不多。而反映喝水不太安全或者很不安全的比例从震前的1.3%上升到2.6%。

2. 信心

地震对居民造成的心理影响并没有完全消除。居民对自己生活的满意程度有一些下降。地震后，觉得对生活比较满意或者非常满意的比例有很小幅度下降（从78.7%下降到78.2%）。觉得不太满意或者很不满意的有一些上升（从5.0%上升到10.3%）。地震后，对未来生活比较有信心或者非常有信心的比例下降了7.0个百分点（从86.2%下降到79.2%），比较没信心或者非常没信心的比例上升了1.5个百分点（从6.3%上升到7.8%）。

总体而言，在地震前后，大部分（大于85.0%）居民对整个社会、国家政策、村干部都有信心。但是，地震后，比较没信心或者非常没信心的比例有少量增加。对整个社会、国家政策、村干部比较没信心或者非常没信心的比例均增加了1.3个百分点。

地震后，人们对于非政府帮扶组织的了解加深了。地震前只有32.5%的居民听说过非政府帮扶组织，而该比例在地震后上升至82.1%。在听说过非政府帮扶组织的人中，地震前有69.6%的居民对于非政府帮扶组织比较有信心或者非常有信心，而这一比例在地震后上升至82.8%。这说明非政府帮扶组织在灾区的灾后重建工作中起到了非常积极的作用。

五　经济指标恢复

（一）农业生产恢复

除草地外的农业用地在地震中遭到不同程度的破坏。其中，破坏最严重的是耕地，36.8%的受访者表示耕地受到损害，其次是水面，28.6%的人表示水面遭到破坏，8.8%的人表示林地因地震受损。每户平均耕地面积从2007年的3.29亩减少到2008年的2.34亩，降幅为28.8%。每户平均草地面积保持不变，震前震后均为0.09亩。每户平均林地面积从2007年的3.94亩减少到2008年的3.87亩，降幅为1.6%。每户平均水面面积从2007年的0.34亩减少到2008年的0.21亩，降幅为37.3%。

地震后，林地和水面的恢复情况较好，但是耕地的恢复有待加强。现在，林地和水面已经恢复到地震前的98%和90%，但耕地只恢复到地震前面积的85%。

平均每户饲养的家禽数量在地震后明显减少，从 2007 年的平均每户 4.99 只降低到 2008 年的 2.83 只，下降了 42%。大牲口的饲养量从 2007 年的每户 0.58 头降低到 2008 年的每户 0.48 头，下降了 1.8%。家畜的平均拥有量在地震发生年并没有减少。

2009 年，家禽的饲养数量有所回升，平均每户比 2008 年增加了 0.45 只，但是仍然低于地震前水平。2009 年大牲口的饲养量与 2008 年基本持平，但低于地震前水平。2009 年家畜的平均饲养量明显减少，平均每户比 2008 年少饲养了 4.31 只。

2009 年饲养家禽、家畜和大牲口比 2007 年灾前有所减少的主要原因是没有圈舍（47.6% 的被访者提及此原因）、没有资金投入（33.3% 的被访者提及此原因）和没有劳动力（9.5% 的被访者提及此原因）。没有被访者反映市场不好卖不出去的问题。

平均每户拥有的三轮车、拖拉机、农用车和其他大型农用器具在灾后有所增加。三轮车、拖拉机、农用车的拥有率从灾前的平均 30 多户拥有一台增加到灾后的平均 5 户拥有一台。其他大型农用器具的拥有率从灾前的平均 15 来户拥有一台增加到灾后的平均 5 户拥有一台。

（二）家庭财政

1. 现金收入支出变化

地震前，2007 年受访家庭的平均收入为 21346.1 元，收入主要靠劳动获取。收入主要来源依次为外出打工（32.6%）、经商（25.0%）、种植业（21.8%）、工资（8.6%）和养殖业（7.5%）。政府补贴占收入的 3.0%，其他收入占 1.6%。

2008 年，受地震影响，除工资收入外，靠劳动获取的家庭收入均有不同程度的降低。下降最多的是外出打工的收入，从 2007 年的平均 6950 元下降到 2008 年的 4822 元，减少了 2128 元。其次是种植业的收入，从 2007 年的平均 4649 元下降到 2008 年的 2678 元，减少了 1971 元。再次是经商的收入，从 2007 年的平均 5335 元下降到 2008 年的 3825 元，减少了 1510 元。下降幅度最大的是家庭的其他收入，2007—2008 年降幅为 87.2%。其次是养殖业和种植业的收入，养殖业下降了 55.0%，种植业下降了 42.4%。2008 年家庭收入的一大半来自政府补贴和灾后救助。平均每户接受政府补贴 3084 元，接受灾后救助 12517 元。由于政府的救助和补贴，与 2007 年相比，2008 年家庭年收入不但没有减少，反而有所增加，增幅为 38.6%。

2009 年，家庭收入下降明显，与地震前的 2007 年相比，平均家庭收入下降了 1/5 以上。总体而言，靠劳动获取的家庭收入比受地震影响的 2008 年还低，而且政府补贴和灾后救助资金减退。虽然养殖业和经商的收入有所恢复，但是仍然比 2007 年减少了 28.8% 和 19.0%。种植业和打工的收入继续下降，种植业和打工的收入比 2007 年减少了 60.0% 和 35.1%。只有工资收入比 2007 年有所上升，增幅为 12.2%。

总之，灾后家庭生计恢复的问题不容乐观。在 2009 年，家庭收入持续下降。随着政府灾后援助资金的撤出，农村生计恢复的问题迫在眉睫。

表 4—9　　　　　　　　　　　家庭收入及来源

收入来源	平均值（元）			增长率（%）	
	2007 年	2008 年	2009 年	2007—2008 年	2007—2009 年
工资	1829.6	1887.0	2053.3	3.1	12.2
种植业	4648.6	2677.9	1859.1	− 42.4	− 60.0
养殖业	1611.1	724.5	1147.2	− 55.0	− 28.8
打工	6950.0	4822.0	4508.6	− 30.6	− 35.1
经商	5335.1	3824.5	4319.2	− 28.3	− 19.0
其他	339.1	43.5	47.8	− 87.2	− 85.9
合计	20713.6	13979.5	13935.2	− 32.5	− 32.7
政府补贴	632.5	3083.8	486.5	387.6	− 23.1
灾后救助	0	12517.0	2383.3	—	—
总计	21346.1	29580.3	16805.0	38.6	− 21.3

2. 家庭信贷变化

地震后，绝大多数的家庭没有存款或者家里的存款变少了。其中，50.6% 的受访者表示现在的存款比灾前减少了，44.3% 的受访者表示灾前灾后都没有存款，只有 1.3% 的受访者表示现在的存款比灾前增加了，还有 3.8% 的受访者表示灾前灾后存款一样多。

地震后，绝大多数（86.2%）的家庭产生了借款或者贷款，只有 13.8% 的受访者表示灾后家里没有借款或者贷款。在灾后家里没有借款或贷款的被访者中，有 54.5% 的被访者回答了没有借款的原因。所有的人都表示没有借款的原因是暂时没有需要，没有出现想借但借不上的情况。有借款或者贷款的家庭中，31.9% 有一笔借款或贷款，37.8% 有两笔，24.6% 有三笔，三笔以上的有 5.7%。借款贷款最多的高达 5 笔。

在灾后有借款或贷款的家庭中，平均每户借款 34328 元以上。借款或贷款金额在 10000 元以下的占总数的 13.8%，借款或贷款金额为 10000 元到 30000 元的被访者占总数的 43.1%，借款或贷款金额为 30001 元到 60000 元的被访者占总数的 36.9%，借款或贷款金额为 60001 元到 90000 元的被访者占总数的 4.6%，借款或贷款金额在 90000 元以上的被访者只占总数的 1.5%。总体而言，有 93.9% 的被访者借款或贷款的金额在 60000 元以下。

亲戚朋友是借款的主要来源，有 56.9% 的借款或贷款来自亲戚朋友。其次是金融机构商业贷款和金融机构的贴息贷款，有 14.9% 的借款或贷款来源为金融机构商业贷款，有 11.1% 的借款或贷款来源为金融机构的贴息贷款。另外，有 5.2% 的借款或贷款来源为民间贷款（互助基金等），有 1.5% 的借款或贷款来源为私人高利贷，还有 10.4% 的借款或贷款是其他来源。

大部分借款贷款（81%）用于住房建房，6.3% 的用于教育，5.6% 的用于医疗保健，2.1% 的用于农业生产，1.4% 的用于家庭生活支出，其他用途占 3.5%。

表4—10　　　　　**数额最大的三笔借款或贷款的用途**

	贷款数量（比）	百分比（%）
住房建房	115	81.0
卫生设施建设	0	0
家庭生活支出	2	1.4
交通通信	0	0
农业生产	3	2.1

	贷款数量（比）	百分比（%）
医疗保健	8	5.6
教育	9	6.3
其他	5	3.5
合计	142	100

62.3%的被访者表示借款基本能够满足灾后房屋重建或整修的需要，29.0%的被访者表示借款不能满足灾后房屋重建或整修的需要，有8.7%的被访者表示借款远远不能满足灾后房屋重建或整修的需要。总体而言，表示借款不能满足或远远不能满足灾后房屋重建或整修的需要的被访者占总数的37.7%，表示基本能够满足灾后房屋重建或整修的需要的被访者占62.3%。

有60.0%的被访者表示借款基本能够满足灾后恢复生产的需要，有32.9%的被访者表示借款不能满足灾后恢复生产的需要，有7.1%的被访者表示借款远远不能满足灾后恢复生产的需要。总体而言，表示借款不能或远远不能满足灾后恢复生产需要的被访者占总数的40%。

借款贷款的大部分还未偿还，还未还款的借款或贷款数目占总数的94.6%，只有4.7%的借款贷款已经部分还款，已经全部还清的借款或贷款比例仅为0.7%。被访者对按时还款有信心的占79.2%。对按时还款没有信心的占21.8%。

六 机构指标恢复

（一）社区参与

1. 社区资源分配

被访者认为不同的社区资源在分配的原则制定上有一些差异。就业机会、房屋补贴、国家救助金和抚恤金主要由国家决定分配原则。而永久性住房分配主要由村干部决定分配原则。村干部还对过渡安置住房和救灾物资分配有一定决定权。村民委员会也在一定程度上决定救灾物资分配原则。村里的"能人"不参与决定分配原则。

表4—11　　　　　　　　　　分配原则的决定主体

	国家 (%)	村干部 (%)	村民委 员会 (%)	村里的 "能人" (%)	其他 (镇财政所) (%)
过渡安置住房分配（板房）	54.5	45.5	0	0	0
永久性住房分配	25.0	75.0	0	0	0
房屋补贴	87.7	6.8	5.5	0	0
国家救助金	80.5	9.0	4.5	0	6.0
抚恤金	75.0	18.8	6.2	0	0
救灾物资	46.7	32.0	21.3	0	0
就业机会	100	0	0	0	0

在资源的分配上，被访者反映由村干部和村民委员会和村里的"能人"组织进行。除了国家救助金外，国家基本上不参与组织分配。其中，永久性住房分配百分百由村干部决定，抚恤金和过渡安置住房分配主要由村干部和村民委员会组织。救灾物资主要由村民委员会和村里的"能人"组织分配。就业机会由村民委员会、村干部和村里的"能人"组织分配。

表4—12　　　　　　　　　　组织分配主体

	国家 (%)	村干部 (%)	村民委 员会 (%)	村里的 "能人" (%)	其他 (镇财政所) (%)
过渡安置住房分配（板房）	0	72.7	27.3	0	0
永久性住房分配	0	100.0	0	0	0
房屋补贴	0	15.3	45.8	20.8	18.1
国家救助金	12.1	48.5	25.8	0	13.6
抚恤金	0	86.7	13.3	0	0
救灾物资	0	2.7	65.3	30.7	1.3
就业机会	0	16.7	66.7	16.6	0

大多数人认为分配过程中信息透明公开，特别是在过渡安置住房分

配（板房）、永久性住房分配、抚恤金分配上，100%的人认为信息公开。94.4%和92.3%的人为房屋补贴和国家救助金分配信息公开，82.7%和83.3%的人认为救灾物资和就业机会分配信息公开。

被访者普遍认为永久性住房、救灾物资、过渡安置住房（板房）、房屋补贴和国家救助金分配时间不长，但是就业机会分配时间长。认为过渡安置住房、永久性住房、房屋补贴、国家救助金、救灾物资分配时间不长的人分别占81.8%、100%、90.3%、83.1%、91.8%。只有75%的人认为抚恤金分配时间不长，而认为就业机会分配时间不长的只占33.3%。

资源分配总体上来说是公平的，绝大多数被访者对分配结果满意。所有的被访者认为过渡安置住房、永久性住房、抚恤金和就业机会的分配过程是公平的，对分配结果表示满意。91.3%、90.9%和94.7%的被访者认为房屋补贴、国家救助金、救灾物资的分配过程公平，满意度高达90%以上。

表4—13　　　　　　　　对分配过程的相关评价

	分配过程信息透明度		分配时间		分配过程公平度		分配结果满意度	
	公开	不公开	不长	长	公平	不公平	满意	不满意
过渡安置住房分配（板房）	100.0	0	81.8	18.2	100.0	0	100.0	0
永久性住房分配	100.0	0	100.0	0	100.0	0	100.0	0
房屋补贴	94.4	5.6	90.3	9.7	91.3	8.7	90.3	9.7
国家救助金	92.3	7.7	83.1	16.9	90.9	9.1	92.3	7.7
抚恤金	100.0	0	75	25	100.0	0	100.0	0
救灾物资	82.7	17.3	91.8	8.2	94.7	5.3	93.3	6.7
就业机会	83.3	16.7	33.3	66.7	100.0	0	100.0	0

2. 应急预案及演练

在地震前，村里对突发事件的预案及演练不足。17.9%的人认为在地震发生之前，村里有应对突发事件（如火灾、山洪、泥石流、地震等）的预案。很少有人知道地震发生之前村里是否有应对地震的预案。其中 1.7% 的人认为在地震之前，村里组织大家根据预案演练过。几乎没有人能够回答预案和演练是否有用。

地震后村里对突发事件的重视程度增加。72.7% 的受访者认为地震之后，村里制定了应对突发事件（如火灾、山洪、泥石流、地震等）的预案。33.8% 的人表示地震之后，村里组织大家参加了这些预案的演练。

（二）救灾及重建工作评价

1. 应急救援阶段

绝大多数被访者表示地震刚发生时，各级组织指挥得力，抗震效率高。其中，被访者对中央政府的评价最高，96.3% 的被访者表示中央政府指挥得力，96.3% 的表示抗震效率高。其次是省政府和市政府，3/4 以上的被访者认为省政府和市政府指挥得力，抗震效率高。被访者对县政府和乡政府的评价最低，7.6% 的人认为县政府和乡政府指挥不得力，9% 的人认为县政府和乡政府抗震效率低。对村（居）委会的评价比对县政府和乡政府的高，但是不如中央、省和市一级政府。

2. 恢复重建阶段

在恢复重建阶段，绝大多数居民表示各级政府在住房、钱物等资源分配上基本公平，组织能力和效率较高，有关对应政策基本合理。同地震刚发生时一致，被访者对中央政府的满意度最高，其次是省政府、市政府和村（居）委会。最低的是县乡镇政府。

七　结论和讨论

（一）恢复重建指标能基本反映重建水平

1. 物理指标

物理指标是恢复最快的，如绝大部分居民对因灾受损的房屋重建速度和建设质量表示满意；而且地震后的住房状况要比地震前略好，不但住房面积等有所提高，而且住房类型也趋于向抗震性好的类型改变。

2. 社会指标

社会指标显示：（1）居民生活恢复方面，基本上已经得到全面恢复，甚至在有些方面超过了地震前的水平，如饮水、厕所安全状况；（2）信息沟通方面，获取外界新闻媒体信息的渠道基本全部恢复，通信全部恢复，并超过震前水平，每家每户都能打电话，并在通信方式上发生了变化，减少了固话的拥有量，而拥有无线通信设备的比率增加；（3）地震前后居民的安全感和信心没有太大变化。

3. 经济指标

经济指标显示：（1）农业生产恢复方面，林地和水面基本达到震前水平，但耕地的恢复还存在一定的差距；家禽和大牲口饲养量比地震前有所下降；农机设备比震前有所增加。（2）家庭财政方面，家庭收入下降明显，甚至低于震前水平，灾后家庭生计恢复不容乐观，生计恢复迫在眉睫。

4. 机构指标

机构指标显示：（1）社区参与方面，在分配原则的决定上依然是以村干部和既定的国家政策为主，分配主体上村民委员会与村干部同时起作用，但在很多分配事项上以村干部为主。整体而言，对分配过程的信息透明度和过程公平都非常认可，并对分配结果满意。（2）地震后，村民参与预案演练的比例大大提高。

（二）各指标相互关联

尽管分成了四大类指标，但并不是完全割裂的，例如物理性指标中的住房重建，在考虑重建速度和质量的同时，也需要统筹考虑住房重建的选址等方面，而这些对居民社会网络的重构以及生产活动的配套都有较强的关联性。

（三）不足之处

本次调研对建立灾后恢复重建科学指标体系做了有意义的探索、尝试和观测。由于时间和资源的限制，调研未能深入涉及体系的所有方面。但是，本次工作给了我们很多启示，也让我们更深地认识到建立完善的恢复重建科学指标体系的重要性。

结　语

　　中华民族是一个多灾多难的民族，其发展进程浓缩了山河改道、天崩地裂等天灾，也折射了包含外侵内乱等人祸，汶川地震向世人证明，中华民族是一个自强不息、不屈不挠的民族，其血浓于水的凝聚力和厚德载物的仁爱情怀成为中华民族伟大复兴事业的强大动力。正如温家宝总理在汶川地震灾区所说的"多难兴邦"，经历的困难只会让中华民族长盛而不衰、历久而弥新。面对多难，我们科研工作者则更应该"砥砺担当"！

参考文献

Adger, W. N. , Social and ecological resilience: are they related? *Progress in Human Geography*, 24 (3), 2000.

Adler, P. S. , and Kwon, S. – W. , Social capital: Prospects for a new concept, *Academy of Management Review*, 27 (1), 2002.

Ahmed, R. , Seedat, M. , Van Niekerk, A. , and Bulbulia, S. , Discerning community resilience in disadvantaged communities in the context of violence and injury prevention, *South African Journal of Psychology*, 34 (3), 2004.

Aldrich, D. P. , Fixing recovery: social capital in post – crisis resilience, *Journal of Homeland Security* (6), 2010.

Aldrich, D. P. , The externalities of strong social capital: post – tsunami recovery in southeast India, *Journal of Civil Society*, 7 (1), 2011.

Aldrich, D. P. , *Building Resilience: Social Capital in Post – Disaster Recovery*: University of Chicago Press, 2012.

Aldrich, D. P. , and Crook, K. , Strong civil society as a double – edged sword: siting trailers in post – Katrina New Orleans, *Political Research Quarterly*, 61 (3), 2008.

Alexander, S. , and Ruderman, M. , The role of procedural and distributive justice in organizational behavior. *Social Justice Research*, 1 (2), 1987.

Allenby, B. , and Fink, J. , Toward inherently secure and resilient societies, *Science*, 309 (5737), 2005.

Ammons, D. (Ed.), Thousand Oaks, CA: Sage, 2001.

Annan, K. , *Facing the Humanitarian Challenge: Towards a Culture of Pre-*

vention: UN. Department of Public Information, 1999.

B. E. , A. , DE, W. , T. A. , G. , M, D. – M. , and G, V. , The Social Organization of Search and Rescue: Evidence from the Guadalajara Gasoline Explosion. *International Journal of Mass Emergencies and Disasters*, 13 (1), 1995.

Babakus, E. , and Boller, G. W. , An empirical assessment of the SERVQUAL scale, *Journal of Business Research*, 24 (3), 1992.

Babbie, E. R. , *The Basics of Social Research*: Cengage Learning, 2013.

Barton, A. H. , *Communities in Disaster: A Sociological Analysis of Collective Stress Situations*: Doubleday Garden City, 1969.

Bates, F. L. , Fogleman, C. W. , Parenton, V. J. , Pittman, R. H. , and Tracy, G. S. , *The Social and Psychological Consequences of a Natural Disaster: A Longitudinal Study of Hurricane Audrey*, Washington, DC, US: National Academy of Sciences – National Research Council, 1963.

Behn, R. , The big questions of public management, *Public Administration Review*, 55 (4), 1995.

Bies, R. J. , and Moag, J. S. , Interactional justice: Communication criteria of fairness. *Research on Negotiation in Organizations*, 1 (1), 1986.

Bies, R. J. , and Shapiro, D. L. , Interactional fairness judgments: The influence of causal accounts. *Social Justice Research*, 1 (2), 1987.

Billings, R. S. , and Schaalman, M. L. , A Model of Crisis Perception: A Theoretical and EmpiricalAnalysis, *Administrative Science Quarterly*, 25 (2), 1980.

Bourdieu, P. , The forms of capital. In J. G. Richardson (Ed.), *Handbook of Theory and Research for the Sociology of Education*, Westport, CT: Greenwood Publishing Group, 1986.

Brint, S. , Gemeinschaft Revisited: A Critique and Reconstruction of the Community Concept, *Sociological Theory*, 19 (1), 2001.

Brown, T. F. , *Theoretical Perspectives on Social Capital*. Retrieved from http: //hal. lamr. edu/—BROWNTFPSOCCAP. html, 1997.

Bruneau, M. , Chang, S. E. , Eguchi, R. T. , Lee, G. C. , O'Rourke, T.

D. , Reinhorn, A. M. , von Winterfeldt, D. , A framework to quantitatively assess and enhance the seismic resilience of communities, *Earthquake Spectra*, 19 (4), 2003.

Brunie, A. , Meaningful distinctions within a concept: Relational, collective, and generalized social capital, *Social Science Research* 38 (2), 2009.

Burton, I. , *The environment as hazard*, 1993.

Chamlee – Wright, E. , *The Cultural and Political Economy of Recovery: Social Learning in a Post – Disaster Environment* (Vol. 12): Routledge, 2010.

Chewar, C. M. , McCrickard, D. S. , and Carroll, J. M. , Analyzing the social capital value chain in community network interfaces, *Internet Research*, 15 (3), 2005.

Coleman, J. , Social capital in the creation of human capital, *American Journal of Sociology*, 94 (*Supplement*), 1988.

Cronin Jr, J. J. , and Taylor, S. A. , SERVPERF versus SERVQUAL: reconciling performance – based and perceptions – minus – expectations measurement of service quality, *The Journal of Marketing*, 1994.

Dhesi, A. S. , Social capital and community development, *Community Development Journal*, 35 (3), 2000.

Drabek, T. , *Human System Response to Disaster*, New York: Springer – Verlag, 1986.

Dynes, R. R. , The importance of social capital in disaster response, Preliminary paper #327, 2002, Retrieved from Dynes, R. R. , Quarantelli, E. L. , and Wenger, D. , *The Organizational and Public Response to The September 1985 Earthquake In Mexico City, Mexico*, 1988. Retrieved from Newark, DE: Eisenhardt, K. M. , Building theories from case study research. *Academy of Management Review*, 14 (4), 1989.

Ergonul, S. , A probabilistic approach for earthquake loss estimation, *Structural Safety*, 27 (4), 2005.

Fornell, C. , A national customer satisfaction barometer: The Swedish experience, *The Journal of Marketing*, 1992.

Fornell, C., Johnson, M. D., Anderson, E. W., Cha, J., and Bryant, B. E., The American customer satisfaction index: nature, purpose, and findings, *The Journal of Marketing*, 1996.

Geis, D. E., By Design: The Disaster Resistant and Quality – of – Life Community, *Natural Hazards Review*, 1, 2000.

Gittell, R., and Vidal, A., *Community organizing: Building Social Capital as a Development Strategy*: Sage publications, 1998.

Godoy, R., Reyes – García, V., Huanca, T., Leonard, W. R., Olvera, R. G., Bauchet, J., . . . Rios, O. Z., The role of community and individuals in the formation of social capital. *Human Ecology*, 35 (6), 2007.

Grootaert, C., and Bastelaer, T. v., Social capital: From definition to measurement. In C. Grootaert, and Thierry Van Bastelaer (Ed.), *Understanding and Measuring Social Capital: A Multidisciplinary Tool for Practitioners* (Vol. 1, pp. 1 – 16), Washington, DC: World Bank Publications, 2002.

Haines, T. K., Renner, C. R., and Reams, M. A., A review of state and local regulation for wildfire mitigation, *The Economics of Forest Disturbances*, 2008.

Hanifan, L. J., The Rural School Community Center. *The Annals of the American Academy of Political and Social Science*, 67, 1916.

Hanifan, L. J., *The Community Center*, Boston: Silver, Burdett and company, 1920.

House, J. S., Umberson, D., and Landis, K. R., Structures and Processes of Social Supports, *Annual Review of Sociology*, 14 (1), 1988.

Hughes, O. E., New York: St. Martin's Press, 2003.

Hurt, K. J., Malilay, J., Noji, E. K., and Wurm, G., Use of a modified cluster sampling method to perform rapid needs assessment after Hurricane Andrew, *Annals of Emergency Medicine*, 23 (4), 1994.

Johnson, L. A., Developing a Management Framework for Local Disaster Recovery: A study of the US disaster recovery management system and the management processes and outcomes of disaster recovery in 3 US cities, 2009.

Jongeneel, R. A. , Polman, N. B. , and Slangen, L. H. , Why are Dutch farmers going multifunctional? *Land use policy*, 25 (1), 2008.

Joshi, A. , and Aoki, M. , The role of social capital and public policy in disaster recovery: A case study of Tamil Nadu State, India, *International Journal of Disaster Risk Reduction*, 2013.

Kamp, I. V. , Physical and mental health shortly after a disaster: first results from the Enschede firework disaster study, *European Journal of Public Health*, 16 (3), 2006.

Kaplan, R. S. , and Norton, D. P. , Putting the balanced scorecard to work, *Performance Measurement, Management, and Appraisal Sourcebook*, 66, 1995.

Kaplan, R. S. , and Norton, D. P. , Using the balanced scorecard as a strategic management system: Harvard business review Boston, MA, 1996.

Kilby, P. , The strength of networks: the local NGO response to the tsunami in India, *Disasters*, 32 (1), 2008.

Lee, A. S. , Integrating positivist and interpretive approaches to organizational research, *Organization Science*, 2 (4), 1991.

Lin, N. , *Social capital: A Theory of Social Structure and Action*: Oxford University Press, 2008.

Marshall, C. , and Rossman, G. B. , *Designing Qualitative Research*: Sage publications, 2014.

Michael, Y. L. , Farquhar, S. A. , Wiggins, N. , and Green, M. K. , Findings from a community – based participatory prevention research intervention designed to increase social capital in Latino and African American communities. *Journal of Immigrant and Minority Health*, 10 (3), 2008.

Nakagawa, Y. , and Shaw, R. , Social Capital: A Missing Link to Disaster Recovery, *International Journal of Mass Emergencies and Disasters*, 22 (1), 2004.

Onyx, J. , and Bullen, P. , Measuring social capital in five communities, *The Journal of Applied Behavioral Science*, 36 (1), 2002.

Parasuraman, A. , Zeithaml, V. A. , and Berry, L. L. , Servqual, *Journal of Retailing*, 64 (1), 1988.

Pawar, A. T., Shelke, S., and Kakrani, V. A., Rapid assessment survey of earthquake affected Bhuj block of Kachchh District, Gujarat, India, *Indian Journal of Medical Sciences*, 59 (11), 2005.

Pino, N. W., Community policing and socialcapital. *Policing: An International Journal of Police Strategies and Management*, 24 (2), 2001.

Pointer, T., and Streib, G., Performance Measurement in Municipal Government: Assessing the State of the Practice, *Public Administration Review*, 59 (4), 1999.

Putnam, R., Bowling alone: America's declining social capital, *Journal of Democracy*, 6 (1), 1995.

Putnam, R., *Bowling Alone: The Collapse and Revival of American Community*, New York: Simon and Schuster, 2000.

Putnam, R. D., Leonardi, R., and Nanetti, R. Y., *Making Democracy Work: Civic Traditions in Modern Italy*. Princeton: Princeton University Press, 1993.

Quarantelli, E. L., and Dynes, R. R., Response to social crisis and disaster, *Annual Review of Sociology*, 1977.

Quinn, S. C., Hurricane Katrina: a social and public health disaster, *American Journal of Public Health*, 96 (2), 2006.

Roorda, J., Stiphout, W. A. H. J. V., and Huijsman – Rubingh, R. R. R., Post – disaster health effects: strategies for investigation and data collection. Experiences from the Enschede firework disaster, *Journal of Epidemiology and Community Health*, 58 (12), 2005.

Sabatini, F., The empirics of social capital and economic development. In M. Osborne, K. Sankey, and B. Wilson (Eds.), *Social Capital, Lifelong Learning and the Management of Place: An International Perspective*, London: Routledge, 2007.

Shaw, R., and Goda, K., From disaster to sustainable civil society: the Kobe experience, *Disasters*, 28 (1), 2004.

Sherry, A., A ladder citizen participation. *AIP*, 35 (4), 1969.

Solesbury, W., Sustainable Livelihoods: A Case Study of the Evolution of DFID Policy, *Overseas Development Institute*, 2003.

Tonnies, F., *Gemeinschaft und Gesellschaft*: Grundbegriffe der reinenSoziologie, 1887.

Van Kamp, I., Van der Velden, P. G., Stellato, R. K., Roorda, J., Van Loon, J., Kleber, R. J., ... Lebret, E., Physical and mental health shortly after a disaster: first results from the Enschede firework disaster study, *European Journal of Public Health*, 16 (3), 2006.

Westlund, H., and Bolton, R., Local social capital and entrepreneurship, *Small Business Economics*, 21 (2), 2003.

Whyte, A., Survey of Households Evacuated during the Mississauga Chlorine Gas Emergency November 10 – 16, 1979. Toronto: Emergency Planning Project, *Institute for Environmental Studies*, University of Toronto, 1980.

Woolcock, M., Social Capital and Economic Development: Toward a Theoretical Synthesis and Policy Framework, *Theory and Society*, 27 (2), 1998.

Xiao, Y., *Local labor market adjustment and economic impacts after a major disaster: Evidence from the 1993 Midwest flood*: ProQuest, 2008.

Yin, R. K., *Case Study Research: Design and Methods*: Sage publications, 2013.

边慧敏、林胜冰、邓湘树:《灾害社会工作:现状、问题与对策——基于汶川地震灾区社会工作服务开展情况的调查》,《中国行政管理》2011 年第 12 期。

边燕杰、李煜:《中国城市家庭的社会网络资本》,《清华社会学评论》2002 年第 2 期。

蔡定剑:《公众参与:风险社会的制度与建设》,法律出版社 2009 年版。

常晋义、朱博勤、张渊智、聂跃平、魏成阶:《地震灾害潜在损失评价模型分析与研究——以唐山地震为例》,《遥感技术与应用》2002 年第 17 期。

陈火星:《危机事件中社工的介入——以深圳社工灾害救援服务为例》,

《中国社会工作》2015 年第 27 期。

邓国胜：《非营利组织"APC"评估理论》，《中国行政管理》2004 年第 10 期。

邓国胜、肖明超：《群众评议政府绩效：理论、方法与实践》，北京大学出版社 2006 年版。

董晓倩：《我国公共危机管理中的社会资本研究》，吉林大学硕士学位论文，2008 年。

冯燕：《9·21 灾后重建：社工的功能与角色》，《中国社会导刊》2008 年第 12 期。

冯元：《天津港爆炸灾难救援中的社会工作服务开展》，《中国社会组织》2015 年第 17 期。

顾林生、赵星磊、余捷、肖辉、王蓉：《尼泊尔地震灾后需求评估：过程与方法》，《中华灾害救援医学》2015 年第 9 期。

桂勇、黄荣贵：《社区社会资本测量：一项基于经验数据的研究》，《社会学研究》2008 年第 3 期。

黄锐：《社会资本理论综述》，《首都经济贸易大学学报》2007 年第 9 期。

江涛：《舒尔茨人力资本理论的核心思想及其启示》，《扬州大学学报》（人文社会科学版）2008 年第 12 期。

姜振华、胡鸿保：《社区概念发展的历程》，《中国青年政治学院学报》2002 年第 4 期。

李华燊、陈蓓蓓、刘军伟：《汶川地震灾后重建评估现状分析》，《兰州大学学报》（社会科学版）2012 年第 1 期。

廖永丰、聂承静、胡俊锋、杨林生：《灾害救助评估理论方法研究与展望》，《灾害学》2011 年第 26 期。

林万亿：《灾难救援与社会工作：以台北县 921 地震灾难社会服务为例》，台大社会工作学刊，2002 年。

刘波、王义汉、谢镇荣、尉建文：《人力资本、经济资本、社会资本与灾后重建——以汶川地震为例》，《宁夏社会科学》2014 年第 2 期。

刘峰、孔新峰：《多中心治理理论的启迪与警示——埃莉诺·奥斯特罗姆获诺贝尔经济学奖的政治学思考》，《行政管理改革》2010 年第

1 期。

刘婧、史培军、葛怡、王静爱、吕红峰：《灾害恢复力研究进展综述》，《地球科学进展》2006 年第 21 期。

刘林：《社会资本的概念追溯》，《重庆工商大学学报》（社会科学版）2013 年第 4 期。

刘世庆、许英明、蒋同明：《汶川大地震灾后恢复重建若干重大问题研究述评》，《经济学动态》2009 年第 5 期。

柳拯、黄胜伟、刘东升：《中国社会工作本土化发展现状与前景》，《社会工作与管理》2012 年第 4 期。

龙太江：《从"对社会动员"到"由社会动员"——危机管理中的动员问题》，《政治与法律》2005 年第 2 期。

陆奇斌、张强、张欢、周玲、张秀兰：《基层政府绩效与受灾群众满意度的关系》，《北京师范大学学报》（社会科学版）2010 年第 4 期。

陆五一、李祎雯、倪佳伟：《关于可持续生计研究的支献综述》，《中国集体经济》2011 年第 1X 期。

马晓晗：《社工界积极介入天津港"8·12"特大火灾爆炸事故》，《中国社会工作》2015 年第 24 期。

阮丹青、周路、Blau、P. M. and Walder、A. G：《天津城市居民社会网初析——兼与美国社会网比较》，《中国社会科学》1990 年第 2 期。

帅向华、聂高众、姜立新、宁宝坤、李永强：《国家地震灾情调查系统探讨》，《震灾防御技术》2011 年第 4 期。

苏芳、徐中民、尚海洋：《可持续生计分析研究综述》，《地球科学进展》2009 年第 24 期。

苏小妹、苏小娟：《安徽省农村民居地震安全问题调查研究》，《灾害学》2008 年第 23 期。

隋广军、盖翊中：《城市社区社会资本及其测量》，《学术研究》2002 年第 7 期。

孙立平：《社区，社会资本与社区发育》，《学海》2001 年第 4 期。

谭祖雪、周炎炎、邓拥军：《我国灾害社会工作的发展现状、问题及对策研究——以"5·12"汶川地震为例》，《重庆工商大学学报》（社会科学版）2011 年第 28 期。

王超、佘廉：《社会重大突发事件的预警管理模式研究》，《武汉理工大学学报》（社会科学版）2005 年第 18 期。

王周户：《公众参与的理论与实践》，法律出版社 2011 年版。

韦克难、黄玉浓、张琼文：《汶川地震灾后社会工作介入模式探讨》，《社会工作》2013 年第 1 期。

尉建文、赵延东：《权力还是声望？——社会资本测量的争论与验证》，《社会学研究》2011 年第 3 期。

魏永忠：《论我国城市社会安全指数的预警等级与指标体系》，《中国行政管理》2007 年第 2 期。

文军、吴越菲：《灾害社会工作的实践及反思——以云南鲁甸地震灾区社工整合服务为例》，《中国社会科学》2015 年第 9 期。

徐月宾、刘凤芹、张秀兰：《中国农村反贫困政策的反思——从社会救助向社会保护转变》，《中国社会科学》2007 年第 3 期。

颜小钗、彭程：《深圳社工"12·20"滑坡灾害救助纪实》，《中国社会工作》2016 年第 1 期。

张成福：《公共危机管理：全面整合的模式与中国的战略选择》，《中国行政管理》2003 年第 7 期。

张程：《NGO 部门系统绩效评估》，《科技创业月刊》2006 年第 19 期。

张文宏：《中国社会网络与社会资本研究 30 年（上）》，《江海学刊》2011 年第 2 期。

张文宏：《中国社会网络与社会资本研究 30 年（下）》，《江海学刊》2011 年第 3 期。

张鑫：《奥斯特罗姆自主治理理论的评述》，《改革与战略》2008 年第 10 期。

赵荣国、李卫平：《1999 年全世界地震灾害综述》，《国际地震动态》2000 年第 3 期。

赵延东：《社会资本与灾后恢复》，《社会学研究》2007 年第 5 期。

赵延东：《社会资本与灾后恢复——一项自然灾害的社会学研究》，《社会学研究》2007 年第 5 期。

赵延东：《自然灾害中的社会资本研究》，《国外社会科学》2007 年第 4 期。

赵延东、李强：《把灾后需求评估纳入灾害响应体系》，《中国国情国力》2013 年第 9 期。

赵延东、张化枫：《灾后需求评估——理论、方法与实践》，《自然灾害学报》2013 年第 3 期。

郑长德：《四川地震灾区灾情评估、灾后重建与发展学术研讨会综述》，《西南民族大学学报》（人文社会科学版）2008 年第 10 期。

周洪建、张卫星：《社区灾害风险管理模式的对比研究——以中国综合减灾示范社区与国外社区为例》，《灾害学》2013 年第 2 期。

周利敏：《韧性城市：风险治理及指标建构——兼论国际案例》，《北京行政学院学报》2016 年第 2 期。

朱华桂、曾向东：《监测预警体系建设与突发事件应急管理——以江苏为例》，《江苏社会科学》2007 年第 3 期。

朱伟：《社会资本：基于社区视域的研究述评——以 1999—2009 年 CNKI 中国期刊全文数据库收录论文为研究对象》，《理论界》2011 年第 2 期。